鞋类设计与工艺专业校企合作系列教材

鞋类效果图表现技法

主　编　刘　剑

副主编　彭艳艳　金　利

参　编　王　政　李勤千

中国轻工业出版社

图书在版编目（CIP）数据

鞋类效果图表现技法 / 刘剑主编. —北京：中国轻工业出版社，2024.1

鞋类设计与工艺专业校企合作系列教材

ISBN 978-7-5184-2573-0

Ⅰ.①鞋… Ⅱ.①刘… Ⅲ.①鞋—绘画技法—高等学校—教材 Ⅳ.①TS943.2

中国版本图书馆CIP数据核字（2019）第148550号

责任编辑：李建华　杜宇芳　　责任终审：劳国强　　整体设计：锋尚设计

策划编辑：李建华　　责任校对：吴大朋　　责任监印：张　可

出版发行：中国轻工业出版社（北京鲁谷东街5号，邮编：100040）

印　　刷：艺堂印刷（天津）有限公司

经　　销：各地新华书店

版　　次：2024年1月第1版第2次印刷

开　　本：889×1194　1/16　印张：7.25

字　　数：150千字

书　　号：ISBN 978-7-5184-2573-0　定价：59.80元

邮购电话：010-85119873

发行电话：010-85119832　010-85119912

网　　址：http://www.chlip.com.cn

Email：club@chlip.com.cn

232421J2C102HBW

前言

笔者所在学院的鞋类专业有一门名为“鞋类效果图技法”的课程。开设该课程的目的是培养学生具备通过绘画形式展现鞋款设计效果的技能，这是鞋类设计师表达设计意图常用的一种方法，鞋类设计师绘画的水平直接影响鞋类效果图的最终效果。该课程的学习目标，是让学习者了解鞋类的绘画技法和人体脚型比例，掌握各种鞋的款式和设计面料的基本表现方法以及色彩、结构关系。

在学习这门课程之前，学生应具备一定的素描、色彩、图案设计的基础知识，这样会使接下来的学习效率大为提高。本书的名称为《鞋类效果图表现技法》， 突出“表现”二字是因为笔者在多年绘画的基础上，精心总结了马克笔绘画的经验。鞋类效果图采用以马克笔为主、其他绘图工具辅助的绘画方式，能够迅速地表现设计效果图的风格、质感。

本书用较大篇幅讲解和图示马克笔的运用，而对其他诸如彩色铅笔、水粉、水彩等工具的介绍要少很多。因为传统绘画的表现技法是以水粉、水彩为主，其次是彩色铅笔。水粉、水彩虽然表现效果好，但是作画速度较慢，尤其是绘制过程中颜料干透需要一定时间。而以马克笔为主、彩铅为辅的画法，不但效果好，而且速度快，提高了工作效率，是鞋类设计师较为理想的绘图工具。

笔者有 16 年的高校鞋类美术基础和效果图教学经验，期间有 7 年给多家鞋企开发部做关于鞋类效果图绘画和款式开发的培训讲座，也曾在鞋企担任过开发总监和开发顾问等职务。本书介绍的技法就是在这样的背景下由实战演变而来的。

《芥子园画谱》从 300 多年前第一次出版以来，历来被学画人士所推崇。无数中国画名家在《芥子园画谱》的启蒙和影响之下成长。所以笔者认为，一本好的鞋类效果图教材不应该只局限于在高校里进行理论知识与技艺的培养，更不是一般意义上当高校生毕业时想要卖掉的那一本可有可无的书，而应当是符合实际生产所需要，在高校中能被学生重视，在企业中能被从业者使用的书。

现在更多的院校正在与相关行业进行多样化的合作，《鞋类效果图表现技法》所包含的内在美学理论与方法论将会给很多温州乃至全国鞋类设计专业的学生以及从业者们带来更多的体会与感悟，具有一定的借鉴意义。

在此感谢中国美术学院设计学院院长吴海燕、浙江工贸职业技术学院设计分院院长卢行芳、金佰川鞋业温州分公司总经理李勤千等人在笔者前行道路上给予的帮助。

本书由刘剑编写第一章、第五章，浙江工贸职业技术学院彭艳艳编写第二章，刘剑、王政、李勤千编写第三章，温州鞋革职业中等专业学校金利编写第四章。全书由刘剑统稿。本书中所出现的手绘作品未标注作者的均由刘剑所作。由于编者水平有限和时间的限制，书中难免有错误和不妥之处，望广大读者批评指正。

编者邮箱：946379@qq.com

刘　剑

2019 年 5 月于古炉画室

目录

第一章 基础知识

第一节 绘画基本功

我们在学习任何一种技艺的时候，都会从最重要的基本功开始学起。正如同建房子的时候，房子的楼层高低往往取决于地基的深浅。同样的道理，鞋类效果图技法就像一个建筑，它需要地基——绘画的基本功，地基越深楼层就会盖得越高。正所谓登高望远，站得高了，自然看到的也就远了。至于建筑的风格，就好比是专业的知识领域。

1. 绘画的起源

据目前史料记载，绘画最早可以追溯到法国的肖维岩洞（Chauvet Cave）壁画，在绘画语言上已具备光影和明暗效果，甚至具备一定的透视原理。当地原始人用赭石绘制于32000多年前洞壁上的犀牛、狮子和熊，虽经岁月侵蚀，却依然栩栩如生（图1-1）。

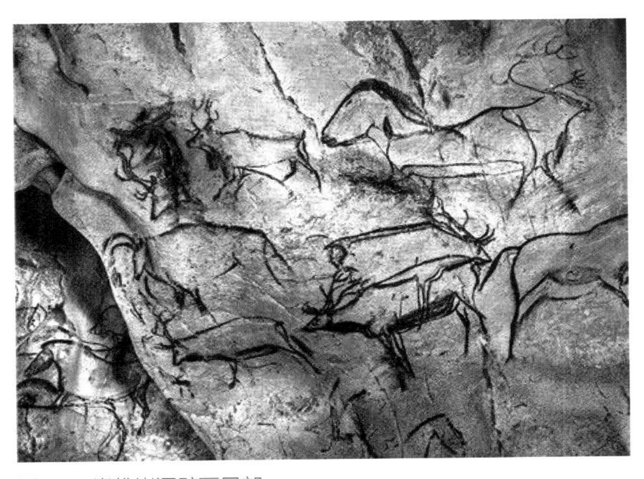

图1-1 肖维岩洞壁画局部

2. 西洋画和中国画

西洋画主要是以油画、水粉以及水彩画为主，强调绘画的形体准确性、光影变化以及色彩搭配的艺术感。中国画主要是水墨写意、工笔为主，以意境的丰富性著称。相对于西洋画，中国画更加强调意境层面的世界。

3. 绘画基本功

从绘画的基本画种分类，西洋画可分为素描、色彩和速写；中国画可分为工笔、写意。一些绘画基本功我们可以称之为“物理素养”，而在训练基本功中所得到的理论知识的文化素养，我们可以称之为“化学素养”。

比如一些小朋友喜欢画画，但是画面中没有结实的形体和准确的色彩，却洋溢着美好、天真、浪漫的气息（图1-2）。这是非常难能可贵的，这是他们从生活中感受到的画面，这就是基本功中的“物理素养”和“化学素养”。

图1-2 刘千荐3岁作品

以笔者为例，在年少时经过专业的绘画训练之后，掌握了西洋画中扎实的形体和国画中工笔画的技法，又学习了中国传统线描十八法，能够准确地临摹马骀《一百罗汉图》(图1-3)，这便是“物理素养”。此时再经过一段时间的专业训练就能较好地画出基本的鞋型了，如图1-4所示。笔者已经基本具备了素描静物的能力，即使之前没有画过鞋，但是通过训练，也就能够自然而然地画出基本的鞋型。

学生经过绘画训练，在素描、色彩和速写达到一定的水准后，进而通过对工业设计、服装设计的理论知识学习，能够表现出想要达到的设计效果。这是通过常规训练过渡到绘制设计效果图的学习方法。

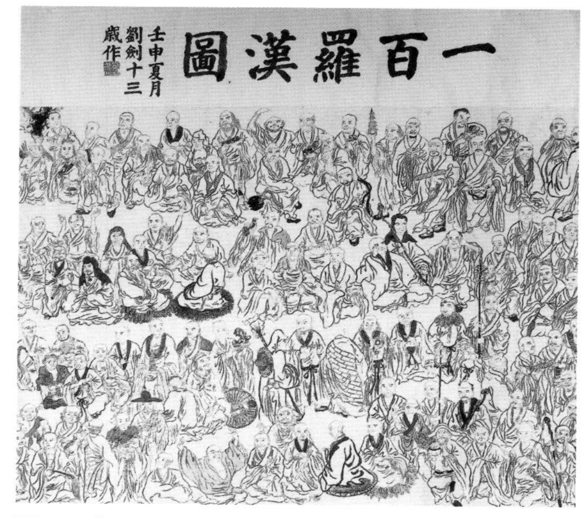

图1-3 《一百罗汉图》临摹作品

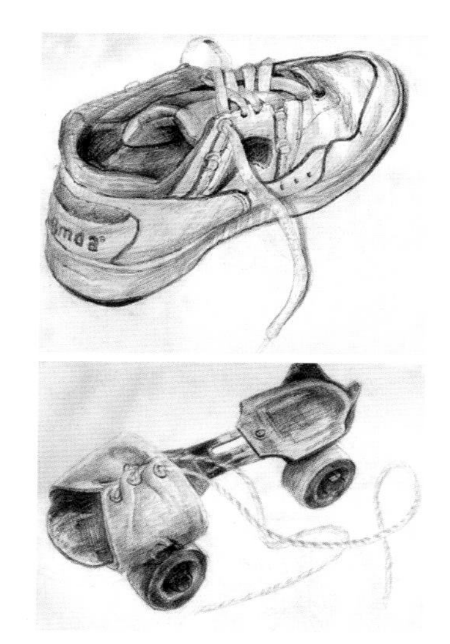
图1-4 素描写生作品

4. 绘画基本功和效果图技法的联系

(1)绘画基本功中的“物理素养”

西洋画的“物理素养”包括素描、色彩和速写，中国画的“物理素养”则包括山水画、人物画、花鸟画等。

素描使鞋类效果图的形体显得更加准确，对块面的分析更加到位，线条富有空间变化，如图1-5所示。

色彩的素养使鞋类效果图在颜色搭配上更加丰润、更加有生命力，让作品达到艺术层面的高度，如图1-6、图1-7所示。

速写让鞋类效果图有激情、富有冲击力，简单的几笔却有种呼之欲出的震撼力，如图1-8所示。

如果有国画的功底，会让鞋类效果图的画面更具观赏性，虚实相生，更加富有韵味。

图1-5 素描临摹
(作者：林盈焕 指导：刘剑)

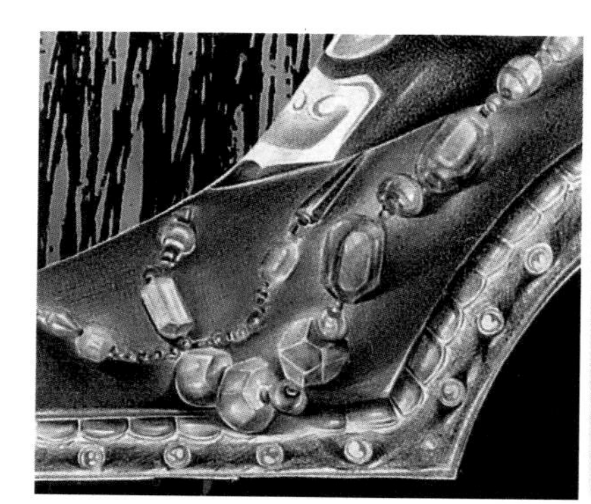

图1-6 彩铅女鞋表现
(作者：缪心水 指导：刘剑)

图1-7　男鞋（临摹）与绣花鞋
（作者：王柳君　指导：刘剑）

图1-8　建筑物速写与马克笔女鞋

（2）绘画基本功的“化学素养”

绘画基本功中的“化学素养”是所学到理论知识内化后得到的素养，广义上指的是在绘画训练过程中所积累的美学修养，它比现实更有典型性的社会意识形态，涉及文学、绘画、音乐、舞蹈、戏剧、建筑、摄影、电影等。相比没有受过专业美术训练的人，经过训练的人具有完整的理论体系和艺术修养。

例如，绘画中的构图美学对电影和摄影都有或多或少的影响；绘画中的形体和色彩训练，使设计师对建筑设计、室内设计产生更高层次的理解和见地；再进一步，戏剧、话剧的舞台美术又与这几种艺术形式产生影响与关联。

绘画基本功的“化学素养”对鞋类效果图产生的美学和设计眼光的影响，类似于广义上的关联关系，具备良好绘画基本功的人，设计与绘制效果图的质量明显优秀于普通人（图1-9）。

图1-9《时风之艺》
（作者：王柳君　指导：刘剑）

第二节 绘画知识点

学习本课程前需要有一定绘画基础，所以本节以图示的形式介绍相关知识点，重点是知识点在效果图中的位置。

1. 素描知识点

①六要素：包括投影、反光、明暗交界线、灰部、亮部（或称投影、反光、明暗交界线、灰部、亮部、高光），如图1-10所示。

②块面关系：包括大、中、小以及疏密关系，如图1-11所示。

③三大面：包括黑、灰、白，如图1-12所示。

④素描调性：包括黑调、灰调、亮调，如图1-12所示。

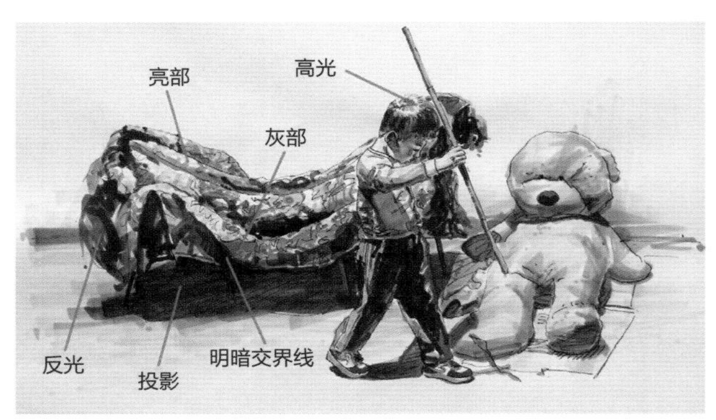

图1-10 六要素

图1-11 大小块面

图1-12 三大面和素描调性

2. 色彩知识点

①三原色：包括红、黄、蓝，它们是色彩中三个最纯的颜色，称之为原色。

②三个基本要素：包括色相（色彩的相貌）、明度（色彩的黑白程度）、纯度（色彩本身的饱和度）。

③环境色一般在暗部居多，固有色一般在灰部居多，光源色一般在亮部居多，如图1-13所示。

④三对主要互补色：包括蓝和橙（橘）、绿和红、紫和黄。

⑤色彩块面如图1-14所示。

⑥冷、暖色调如图1-15所示。

用马克笔绘制的《小男孩与玩具熊》如图1-16所示。

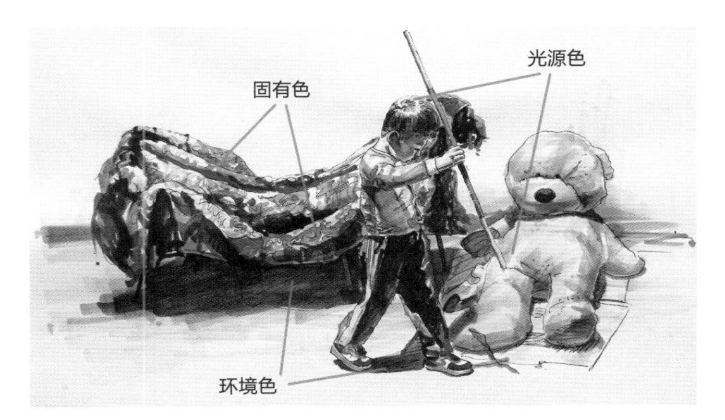

图1-13　环境色、固有色、光源色

图1-14　色彩块面

图1-15　冷暖色调

图1-16《小男孩与玩具熊》

第三节　脚的知识点和鞋类效果图的绘制

1．脚的相关知识点

画鞋类效果图，我们首先要了解脚与鞋楦的关系。因为所有鞋、楦、效果图都是围绕着脚这一器官展开的。

脚是人体中神经分布较多的一个器官，由众多的骨骼、肌肉、血管、神经等组织构成（图1-17）。在人体运动时，脚具有重要作用。

“鞋楦是鞋子的灵魂。”很多从业人员都言传身教这句话。鞋楦的外形态轮廓就是根据人体脚型规律设计的，每一只鞋楦都必须符合人体脚型规律，这是鞋楦制作中必须遵循的原则。

鞋类效果图中鞋子的比例是否正确，直接影响着效果图的美观性。关系的交代是否明确，影响着画面能否令人愉悦。效果图必须遵循脚型规律，它是围绕着脚的骨骼、肌肉形态分布比例绘制的。这也就要求我们必须顺应人体脚型规律，熟知各个骨骼、肌肉的分布情况和形态表现。只有这样，才能使鞋类效果图不论在观赏还是在生产中都能发挥其应有的作用。

脚的骨骼结构负担着重要任务，保持着人静态、动态的平衡。脚共由26块骨组成，用以支撑着身体的重量，分为三大部分：跟部、腰部、前掌，如图1-18所示。跟部共由7块骨组成，起主要支撑作用。腰部由5根长骨组成，连接前掌和后跟，形成一个脚弓，将重量分担给前掌和后跟。前掌由14块小骨构成，保持着身体的平衡，抓住地面不至于身体倾倒。肌肉组织黏附在骨骼上，负责传递力量与动作。

不管在鞋样开板制作还是在鞋类效果图绘画中，对脚的比例、结构处理尤为重要。绘画比例合理的手稿，会给人们带来一种精神上的享受（图1-19、图1-20）。反之，比例设计不合理的效果图，会给人带来误导，在传递设计信息方面达不到预想的目标，比例失调严重的还会给生产造成一定的困难。

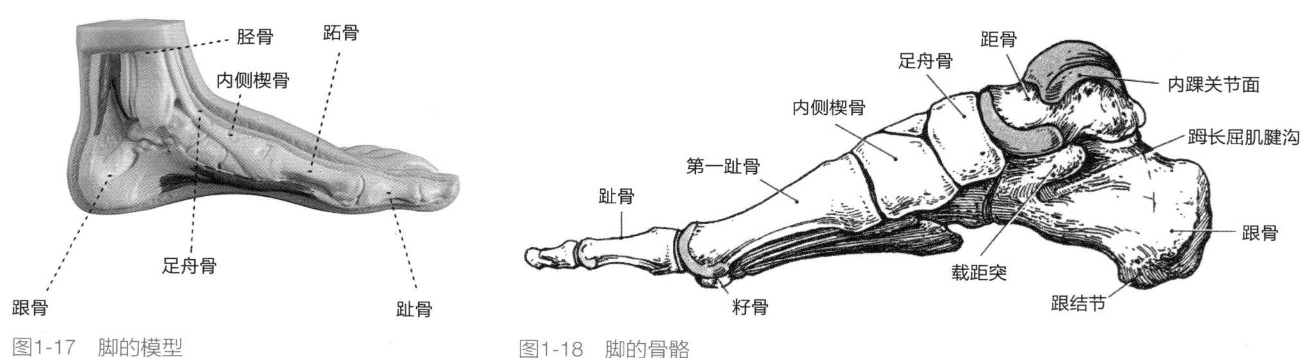

图1-17　脚的模型

图1-18　脚的骨骼

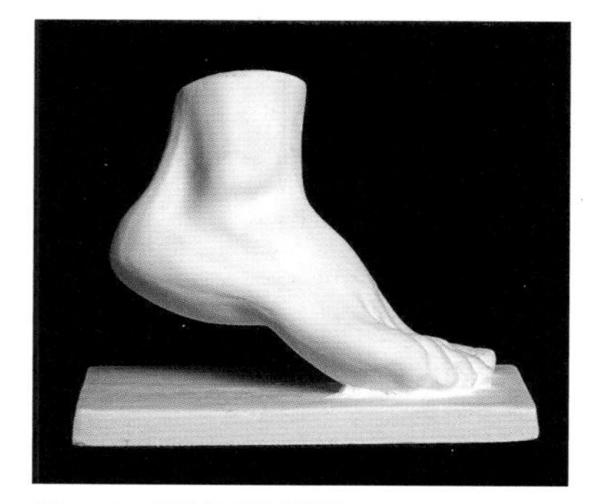

图1-19　脚的石膏模型

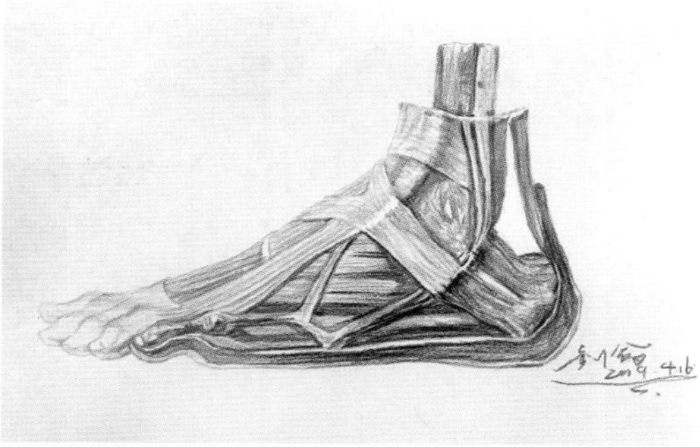

图1-20　脚的肌肉肌理

2. 鞋类效果图的绘制

在注重脚的结构比例的同时，在绘画过程中需要注意各个鞋款的特点，如男鞋修长、女鞋秀气、童鞋可爱等特征。进行艺术再加工，加强各年龄段、性别等特点的辨认程度（图1-21）

在鞋款造型设计时，必须明确一个风格和目标。然而鞋的款式和用途多种多样，可以按用途分为民用、军用、劳保、医疗矫正用，也可以按制作工艺、季节、跟的高度分类。

本书就常用的鞋类款式外形分为正装鞋、休闲鞋、运动鞋、运动休闲鞋等。这样区分在于容易将色彩与款式的用途相结合，如红色代表喜庆、活力、热烈；黄色代表光辉、庄重、高贵；蓝色代表诚实、沉静、思考；黑色代表严肃、稳重、黑暗；白色代表干净、明快、纯净等。

在鞋款的色彩搭配上，会给予人们不同的联想和情感色彩，鞋类设计效果图不但要掌握好颜色和颜色之间的关系，更要把控好颜色在人心理上所产生的作用，以及颜色搭配是否和谐，会不会产生冲撞而导致奇怪的视觉感官。

根据人体的脚型规律制作出来鞋楦后（图1-22），才能对鞋款进行设计、投产。所以我们在鞋类造型设计中也一定要记住这一点，所绘制的鞋类款式设计，都不能脱离开鞋楦的大体比例（艺术创作除外）。真正适用于生产的鞋类造型设计作品在样板制作、工艺生产中是清晰的、一目了然的。所以这也就要求我们作为设计师，每一张鞋类款式设计图都是必须依照鞋楦的比例绘制清晰。

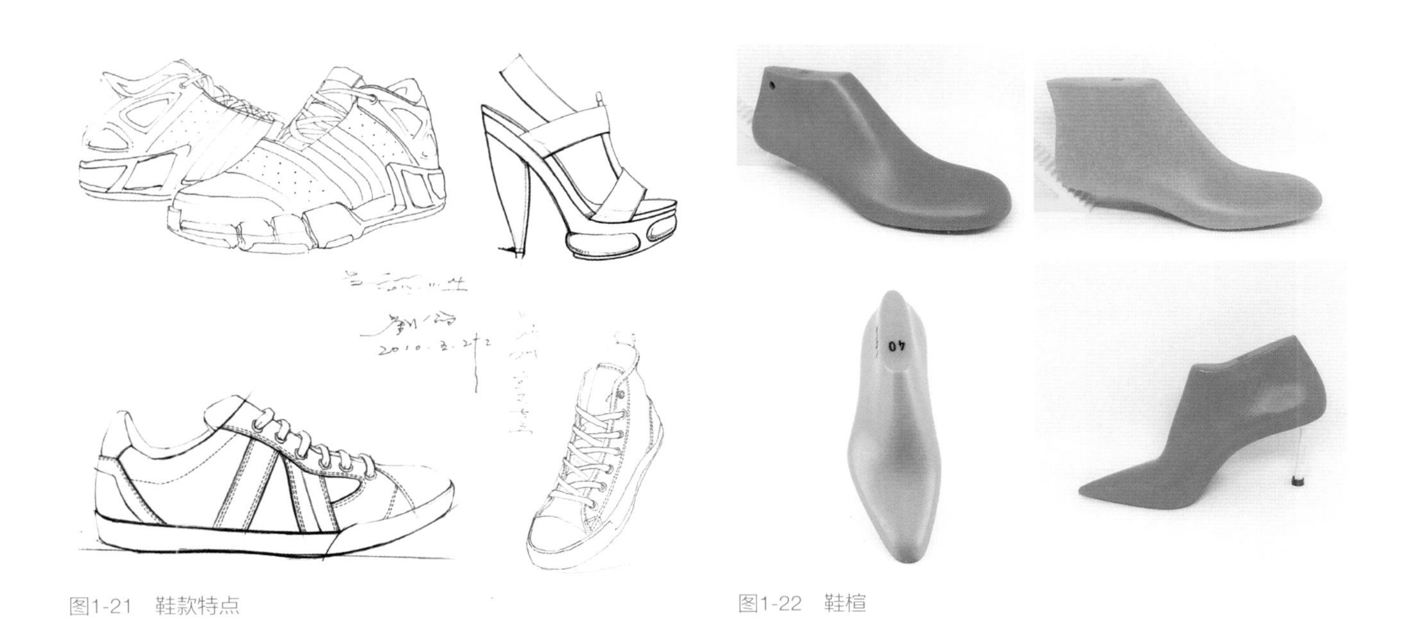

图1-21　鞋款特点

图1-22　鞋楦

3. 从鞋楦到鞋结构的绘制步骤（图1-23至图1-30）。

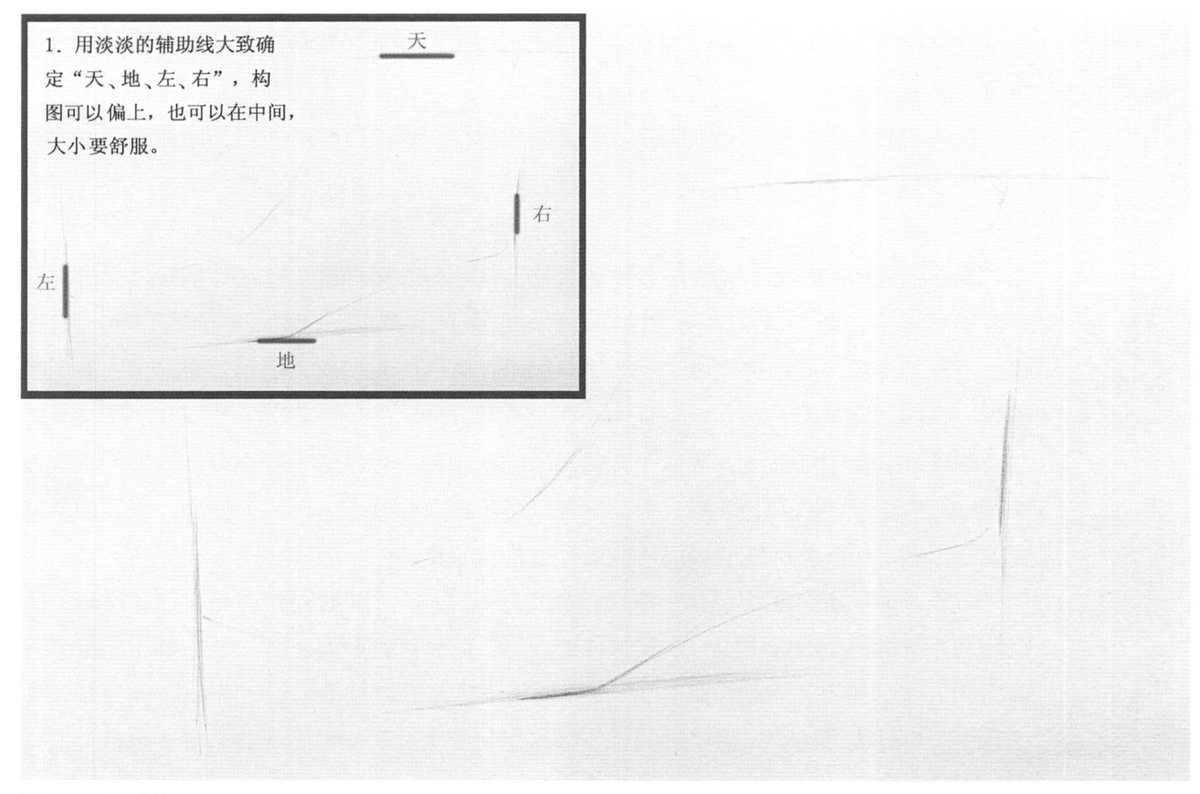

图1-23 画轮廓

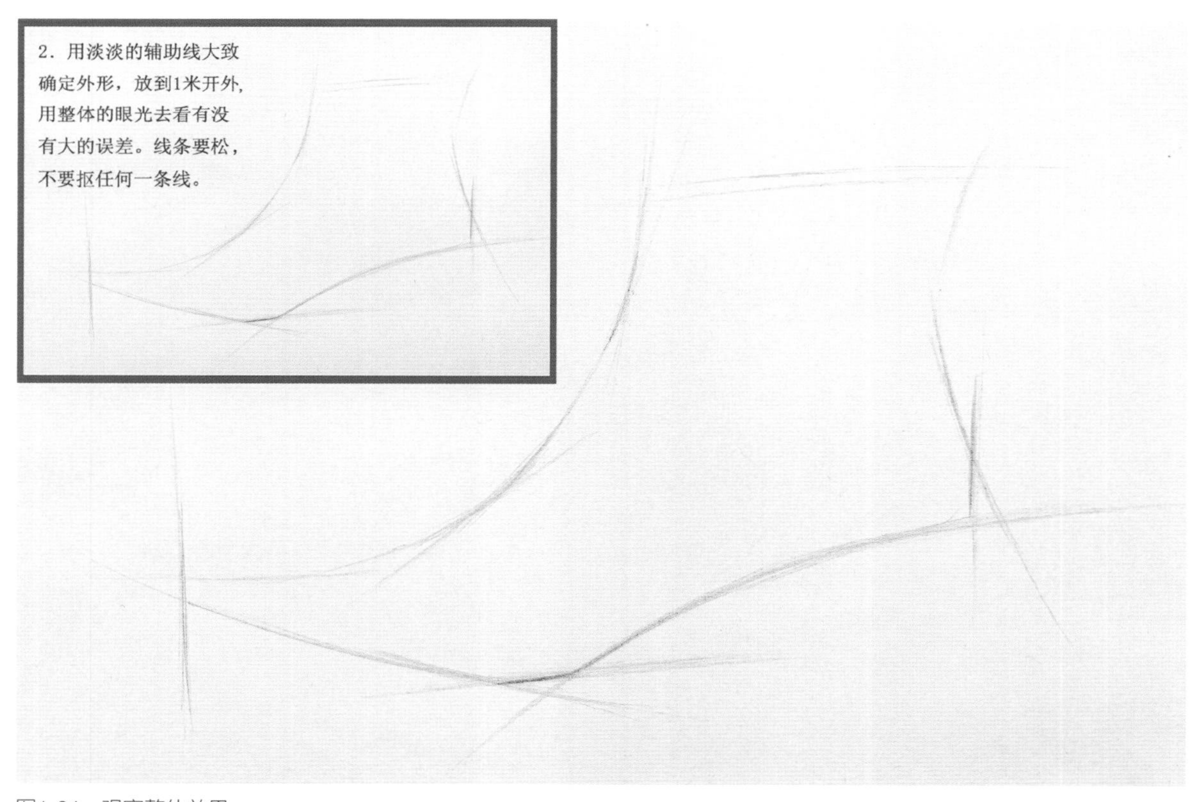

图1-24 观察整体效果

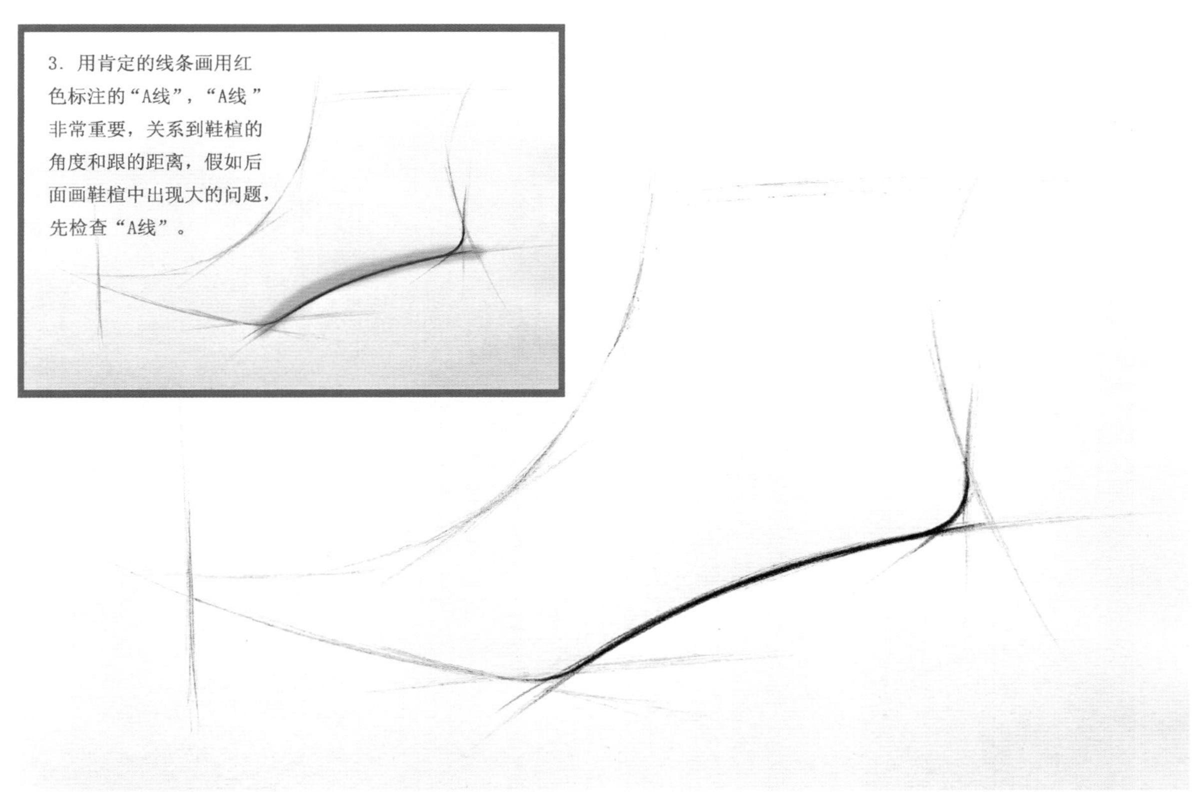

图1-25　A线的确认

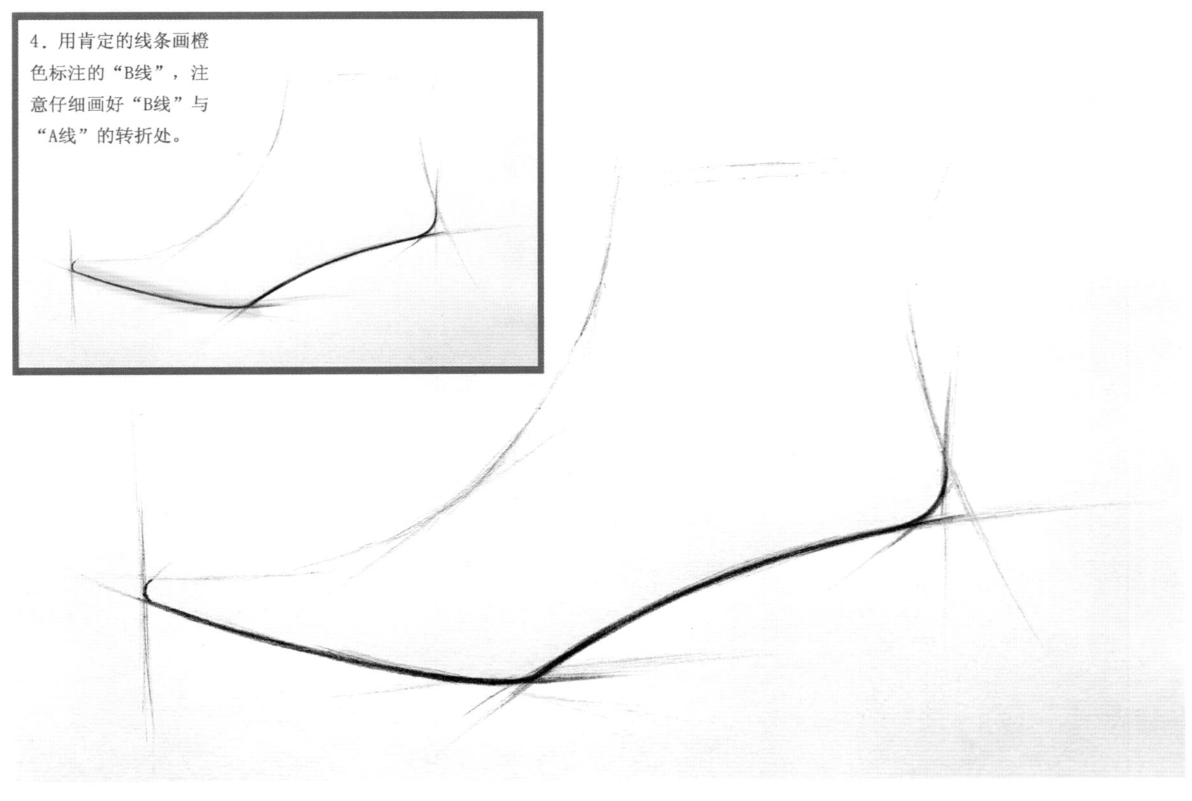

图1-26　B线的确认

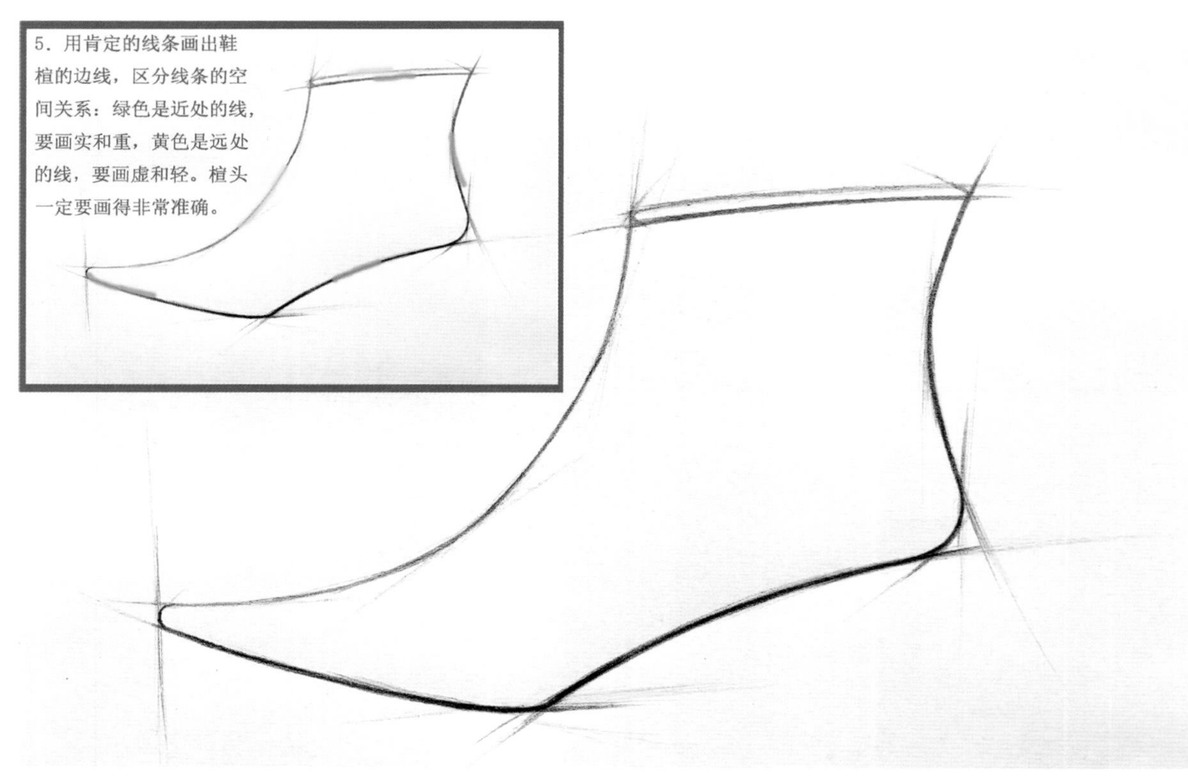

图1-27　确认形体

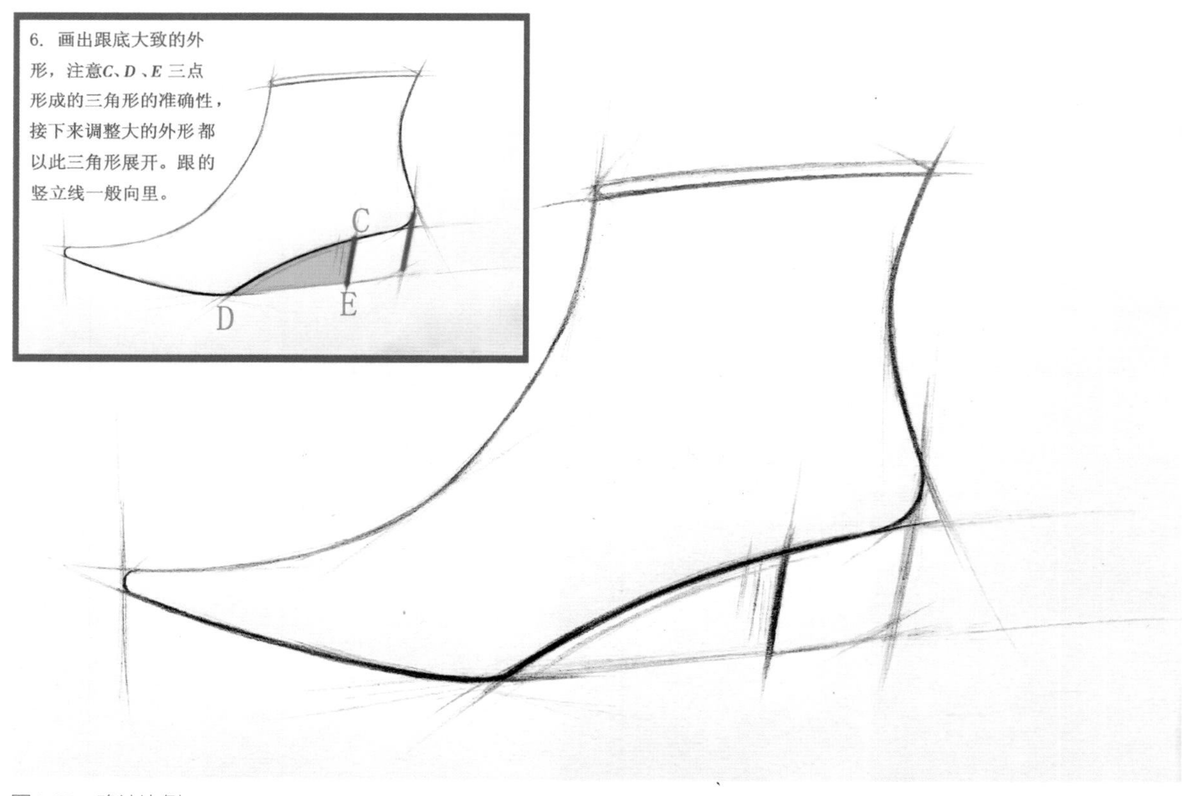

图1-28　确认比例

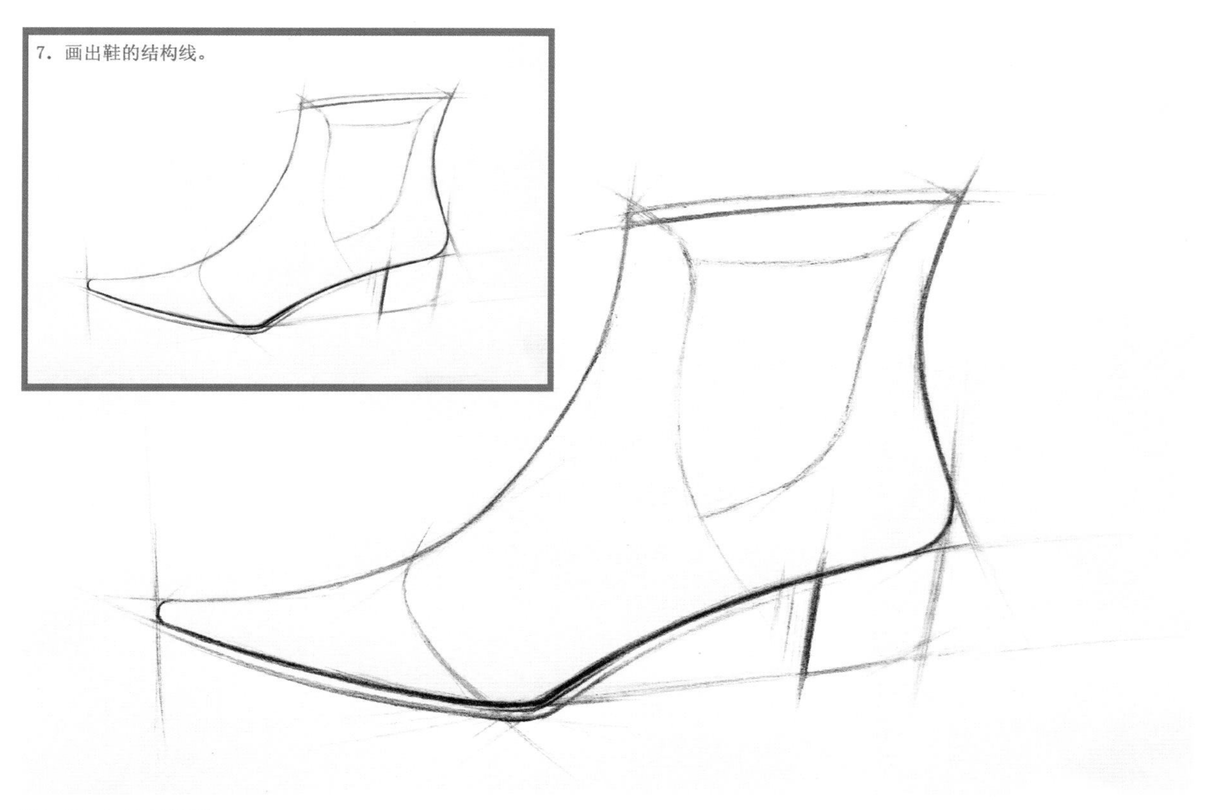

图1-29　画出结构线

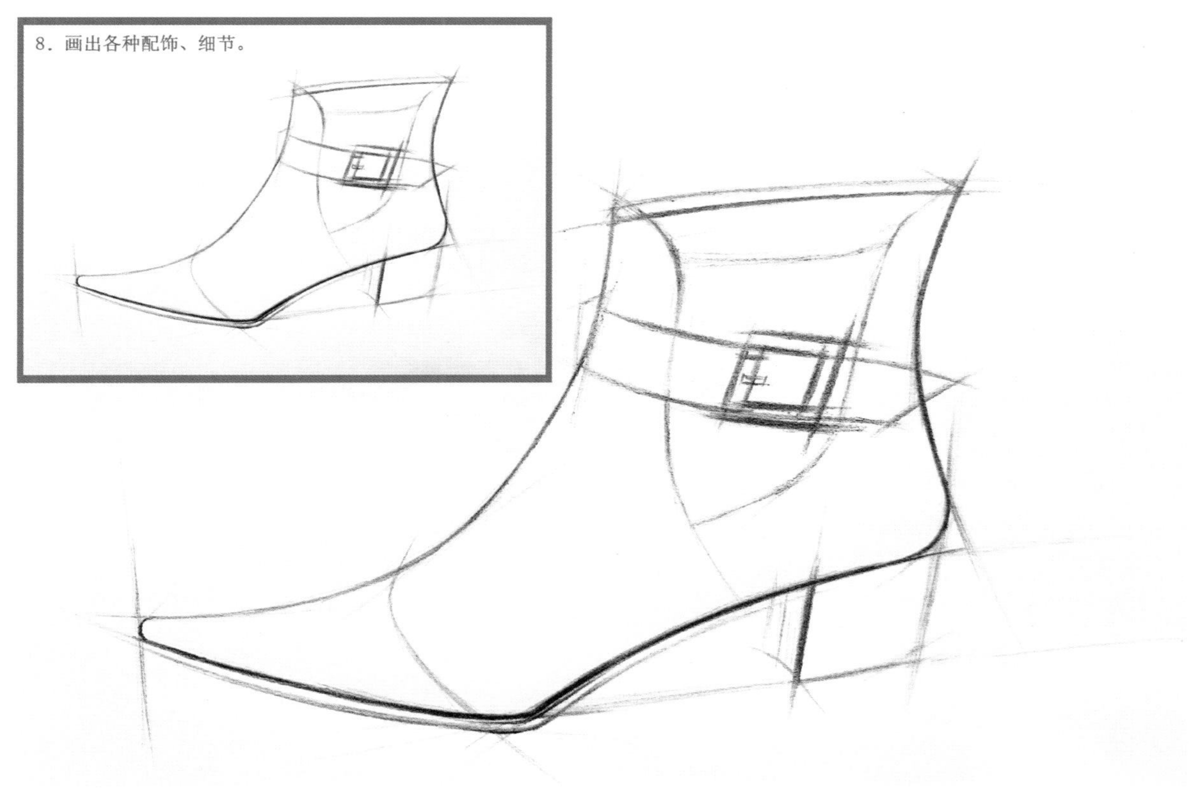

图1-30　画出配饰、细节

第二章

鞋类效果图彩铅技法表现

彩铅和素描的技法有相同之处。它和素描最大的区别在于颜色。彩铅技法在表现时非常注重同时结合几种颜色搭配使用，主要是运用线条排线上色。

上色时要注意色彩与色彩之间需要交叉重叠，运用多色、多变的笔触达到多层次的混色效果。这样色调既统一和谐又富有变化，而且丰富多彩。

绘画时切忌用一支笔从头画到底，避免因色彩过于单一、生硬从而使画面显得呆板没有活力。但因铅笔工具的特点及局限，色彩浓度显得不够，不能像马克笔那样轻轻地就可以画出很浓的色彩，所以彩铅不适宜表现十分浓重的质感。

但是，彩色铅笔也可以与其他画笔配合使用。如常见的有：彩色铅笔加马克笔，彩色铅笔加水粉或者彩色铅笔加水彩等。如图2-1用彩铅打底先画出皮质的质感，再用马克笔来完成效果图。

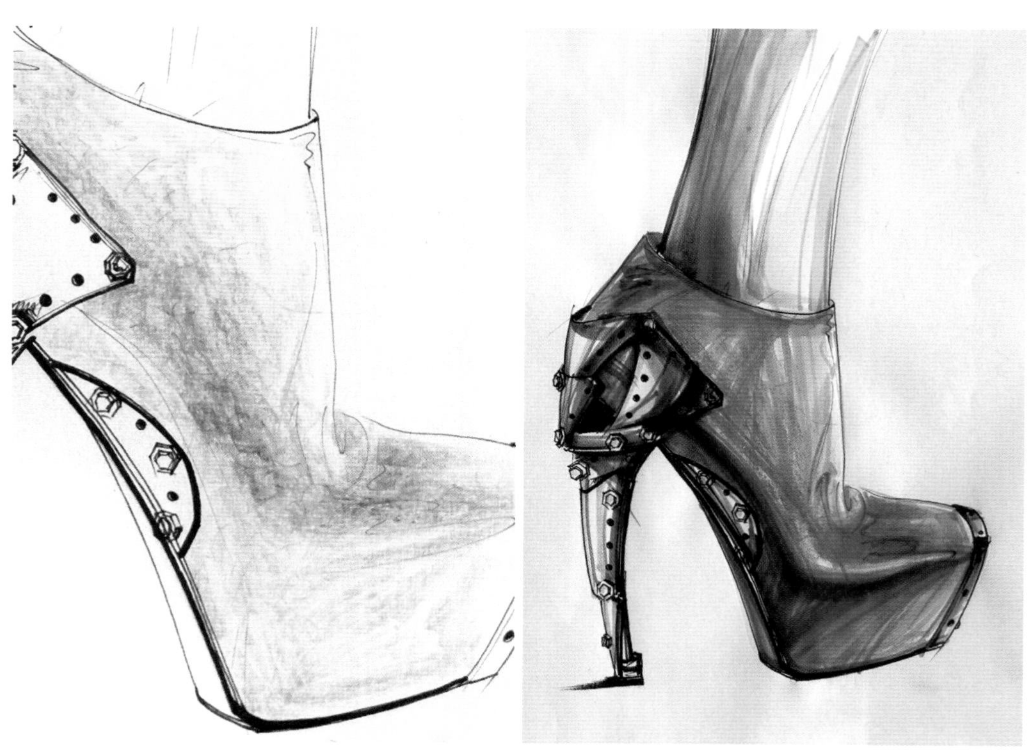

图2-1　彩铅和马克笔配合绘制的女鞋

第一节　彩铅卡线渐变过渡的商业画法

卡线渐变过渡的商业画法是一种高效且容易出效果的方法。该方法是先用彩铅描边然后加大力度加深边线，再从被卡的边线做一个渐变的过渡。彩铅从淡淡的明暗开始画，逐渐深入。达到这样的效果需要较强的功底，如果控制力度的能力不好，容易画腻，而且花费时间相对较长。卡线渐变过渡的商业画法要求绘画力度大，在第一层基本达到90%的画面效果，而且不同阶段对笔尖的要求也略有不同，因为绘画力度大笔尖容易断，但是如果笔尖太钝，画面效果又太粗糙。

彩铅卡线渐变过渡的绘画分析见表2-1，对于铅笔打稿的彩铅描边，如果要追求更快的画法，可以使用黑色彩铅来画轮廓；如果追求效果，可以根据鞋款各个结构体积固有色的明度用深色笔来勾线。

表 2-1　彩铅卡线渐变过渡的绘画分析

绘画过程	铅笔打稿	彩铅描边	画黑、灰、白	细节深入	画面调整
下笔力度	轻	90%~100%	90%	100%	100%
笔的尖度	略尖	略尖	黑：略尖 灰：尖 白：尖	尖为主，暗部略尖	尖为主，暗部略尖

以下面这款漆皮中跟凉拖的固有色中黄色为例，图中黄色的明度偏暗的色彩就是类似赭石和熟褐之类的色彩，这就是它的边线的颜色。画法如下：

①彩铅描边，如图2-2所示。

②卡线渐变过渡的画法如图2-3（a）所示，画法犀利且速度很快。该方法延伸出来的中级画法如图2-3（b）（c）所示，卡线渐变过渡的高级画法如图2-3（d）（e）所示。

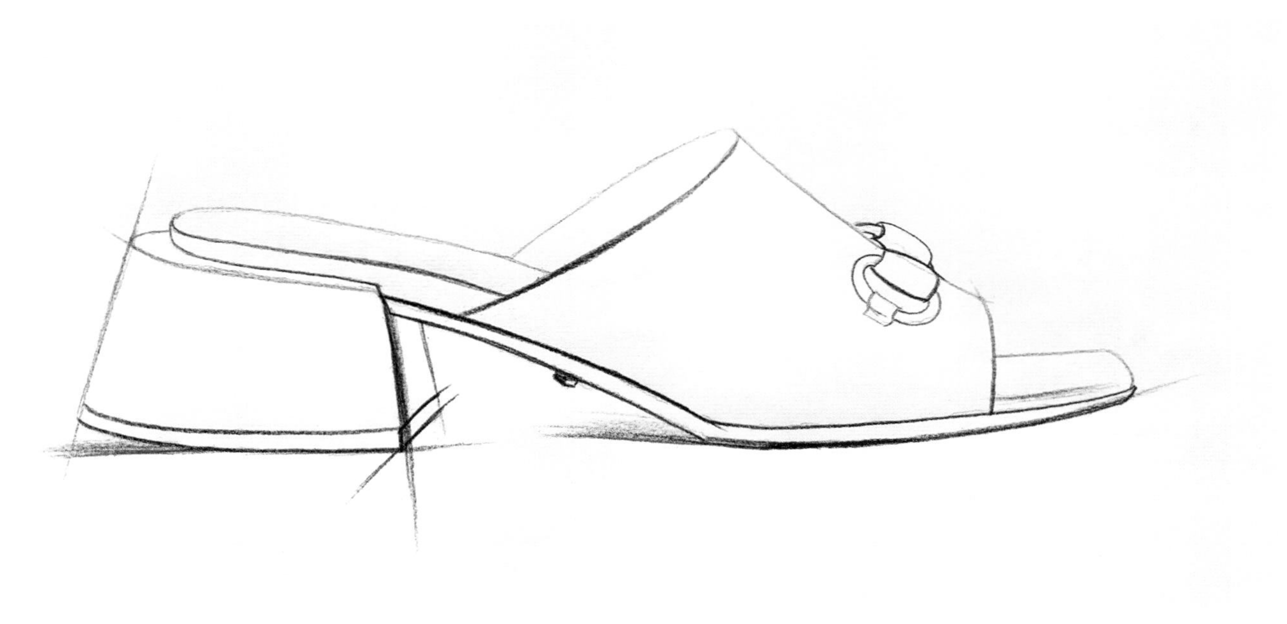

图2-2　彩铅描边

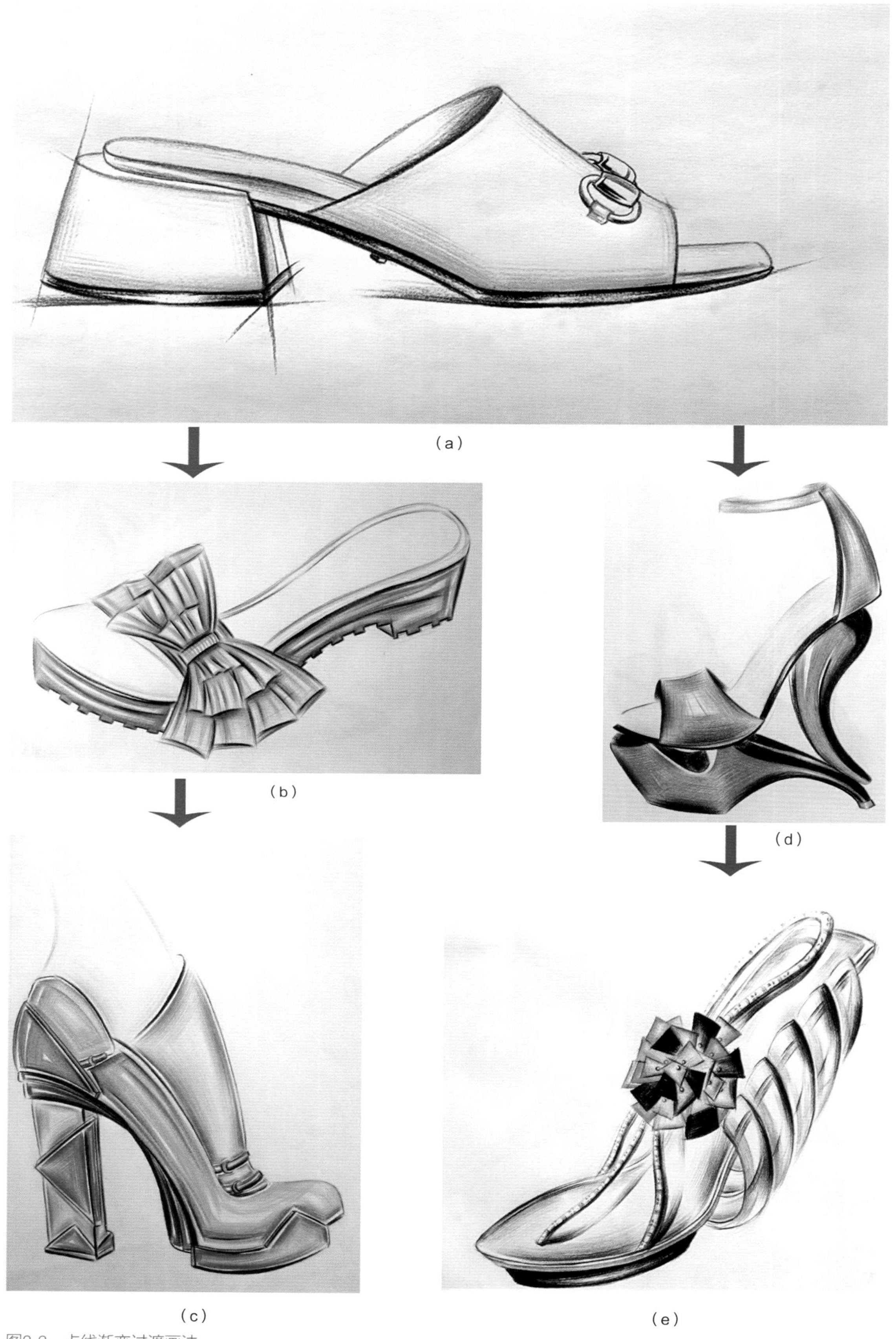

图2-3 卡线渐变过渡画法

③深入刻画黑、灰、白三大面。在固有色的基础上加同类色和邻近色为主，如图2-4所示。

④在了解了明暗的转折面后，将线条从暗部入手，依次展开，注意暗部的线条和块面相对灰部要含蓄，如图2-5所示。

⑤最主要是画细节、暗部环境色和对立的亮部互补色的处理，还有整体上的调整，如图2-6所示。

步骤③至步骤⑤是由卡线渐变过渡的画法过渡到艺术写实的画法，所以我们可以看到卡线渐变过渡的画法既是一个结果，又是另外一种画法的过程。

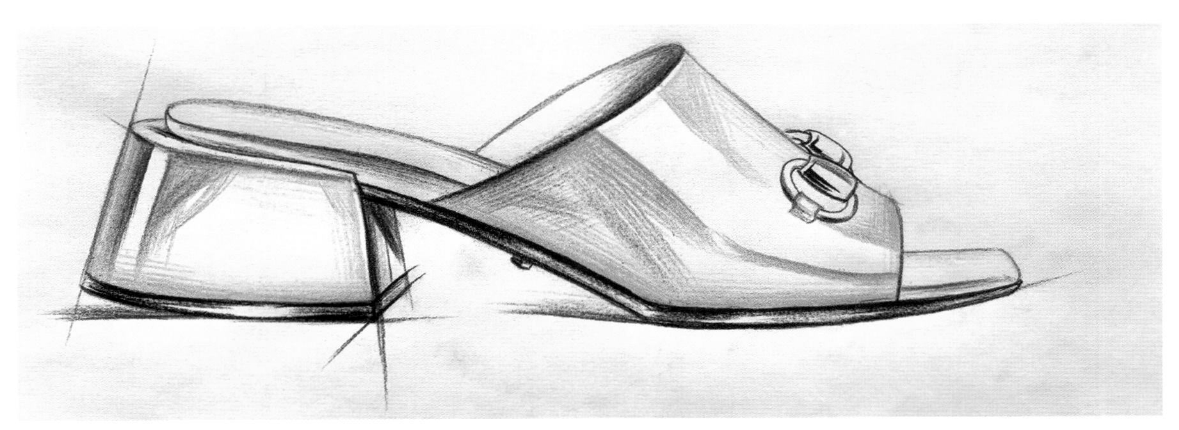

图2-4　加入同类色和邻近色

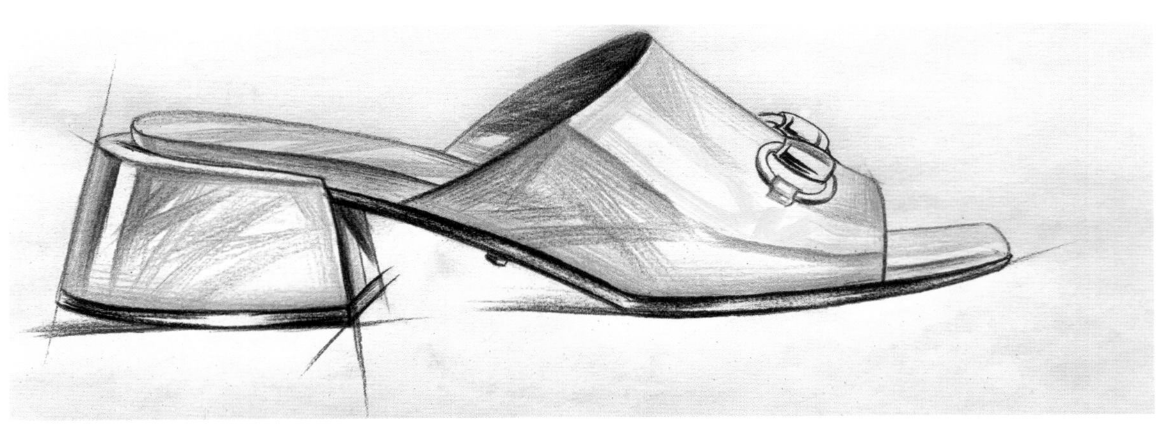

图2-5　依次展开

图2-6　细节调整

第二节　黑白色搭配女鞋的彩铅表现

黑白色搭配是非常经典的色彩搭配，也是永远不会退出时尚潮流的经典色彩。但是对于鞋款绘画来说色彩容易单一，这就需要我们在平时多训练自己的色彩感觉，有意识地训练，加强色彩感觉的敏锐度。黑白色搭配女鞋的彩铅画法分析见表2-2。

表 2-2　黑白色搭配女鞋的彩铅画法分析

绘画过程	步骤一	步骤二	步骤三	步骤四
下笔力度	轻	70%~80%	90%	100%
笔的尖度	略尖	略尖	黑：略尖 灰：尖 白：尖	尖为主，暗部略尖
色彩运用	铅笔 黑色彩铅	黑色彩铅 灰色彩铅	黑色彩铅 灰色彩铅 白色彩铅	棕色彩铅 土黄色彩铅 浅粉色彩铅 浅绿色彩铅

黑白色搭配女鞋的彩铅表现步骤如下：

①用干脆利落的线条轻轻勾画出鞋的外轮廓，然后按照鞋面结构转折画出明暗交界线，让鞋款呈现出块面感，便于下一步进行描绘，如图2-7所示。

②因为该鞋款是黑白色搭配，所以在色彩的选取上，以黑色彩铅画黑色皮料部位，白色皮料部位以灰色彩铅为主，从明暗交界线开始入手刻画先画出鞋款整体的明暗层次，如图2-8所示。

③从明暗交界处开始由深到浅逐步加深色彩明度，同时画好过渡的灰部色调，注意色彩层次过渡做好衔接，如图2-9所示。

④深入刻画画面的色彩，仔细观察色彩，运用浅色系的色彩在白色浅灰处做出色彩的变化处理，使得画面饱满有活力，如图2-10所示。

图2-7　勾画外轮廓

图2-8　画出明暗层次

图2-9　过渡灰部色调

图2-10　深入细节
（作者：彭艳艳）

第三节　激光雕纹皮革女凉鞋的彩铅表现技法

激光雕纹风格也是近年来许多设计师钟爱的元素之一，给女鞋注入了时尚感。激光雕纹材料的特点是表面呈现很多幻彩色彩。要想用彩铅表达好这种效果，必须要对色彩有很好的把控能力，色彩多而不乱，融合在色调里。激光雕纹皮革女凉鞋彩铅表现技法分析见表2-3。

表 2-3　激光雕纹皮革女凉鞋彩铅表现技法的分析

绘画过程	步骤一	步骤二	步骤三	步骤四
下笔力度	轻	70%~80%	90%	100%
笔的尖度	略尖	略尖	黑：略尖 灰：尖 白：尖	尖为主，暗部略尖
色彩运用	铅笔，黑色彩铅	黑色彩铅 红棕色彩铅 黄色彩铅 橘色彩铅	黑色彩铅 红棕色彩铅 黄色彩铅 橘色彩铅	黑色彩铅 红棕色彩铅 黄色彩铅 橘色彩铅 土黄色彩铅 浅蓝色彩铅

彩铅表现步骤如下：

①使用2B铅笔把鞋款式用干脆利落的线条轻轻勾画出来，包括鞋条带、扣件和鞋结构分割线等。构图主要是把鞋的大小和位置在画纸上安排妥当，如图2-11所示。

②先根据设计想法，找准所画鞋款的基本色彩倾向。该鞋款的色彩基本是灰度比较多而且结合很多不同色彩的灰色，在上色过程中颜色不要一次画得过深，同时，还要注意比较不同部位暗部的明度差，将相互关系表现准确，如图2-12所示。

图2-11　构图

图2-12　上明暗色调

③用灰调子、浅调子较深入地刻画鞋的形体结构以及较小的部件。在画的过程中，要注意不同部位灰色调子之间的明度差别，如图2-13所示。既可以从重点部位开始着手刻画，也可以从大的结构处和暗部画起。

④用丰富的灰度调子层次与色彩充分刻画鞋的结构、形态、质感和其他外观细节，如图2-14所示。在对该鞋款深入刻画的过程中，要注意处理和把握色彩的不同变化。

图2-13　细节刻画

图2-14　深入细节
（作者：彭艳艳）

第四节　马克笔式彩铅表现技法

讲到产品手绘快速表达，我们会第一时间想到马克笔，因为马克笔便于携带而且绘画速度快，但是有时候马克笔数量不够，色彩表达不出来，这时可以用彩色铅笔来代替。马克笔大头的笔头较宽，一笔就是一个小面，不同的小面组成大面，再用大面表达形体，我们可以用彩铅的一组小排线来模仿马克笔的一笔。马克笔式彩铅表现技法分析见表2-4。

表 2-4　马克笔式彩铅表现技法分析

绘画过程	铅笔打稿	彩铅描边	画黑、灰、白	细节深入	画面调整
下笔力度	轻	90%~100%	90%	100%	100%
笔的尖度	略粗	一般	黑：略粗 灰：一般 白：一般	一般为主，暗部略粗	尖为主，暗部一般

马克笔式彩铅效果图如图2-15、图2-16所示，具体步骤请扫二维码观看教学视频①和教学视频②。

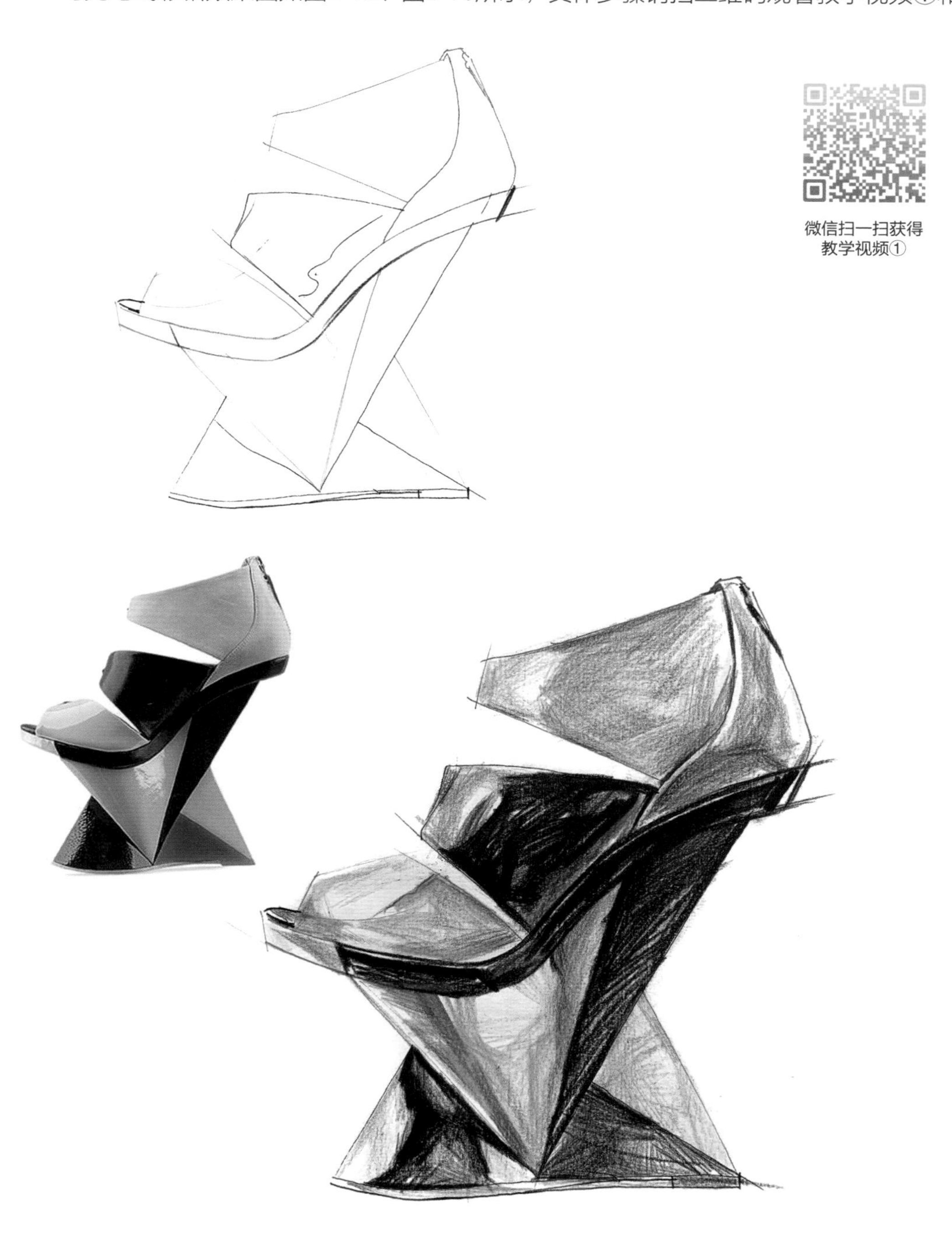

图2-15　马克笔式彩铅表现技法（一）

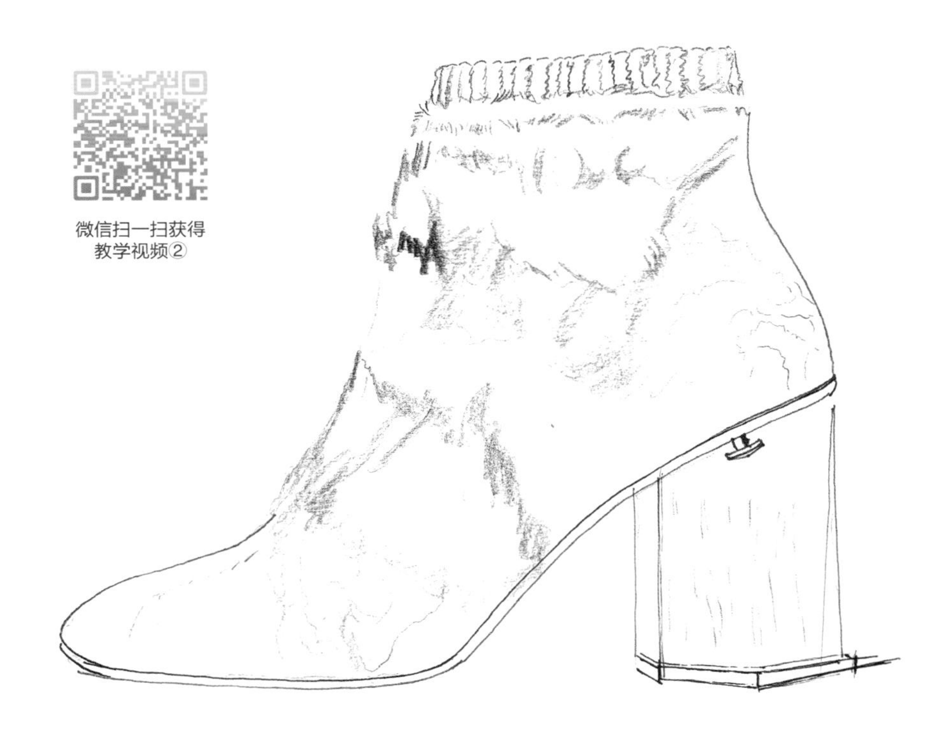

图2-16　马克笔式彩铅表现技法（二）

第三章

鞋类效果图水粉技法表现

第一节　水粉基础画法

水粉画法是最传统的效果图画法之一。它的薄、厚画法表现能力都不错，尤其是厚画法，产生的色彩堆积感是比较强烈的。用水粉画法绘制鞋类效果图时可选用一些古代的艺术元素，再逐渐过渡到快速的商业表达效果图。

随着时代的发展，马克笔与彩铅的使用越来越普遍，水粉表达的运用相对于过去要少很多。但是作为最佳的基础训练还是非常有必要进行的。尤其是一些设计比赛要求效果图尺寸比较大，如果设计的鞋细节很多，水粉画法是最佳的选择，如图3-1、图3-2所示。

图3-1　水粉画法
（作者：陈微　指导：刘剑）

图3-2　水粉画法二
（作者：王林超　指导：刘剑）

另外，水粉还有干湿结合方法，第二层的“厚”局部遮盖第一层的薄，再在第二层的“厚”局部进行晕染，两层相透，如图3-3所示。

水粉鞋类效果图练习的步骤首先是画图案，其次是色块画法（也称迷彩画法），然后是水粉写实的画法，如图3-4所示。

图3-3 水粉干湿结合画法

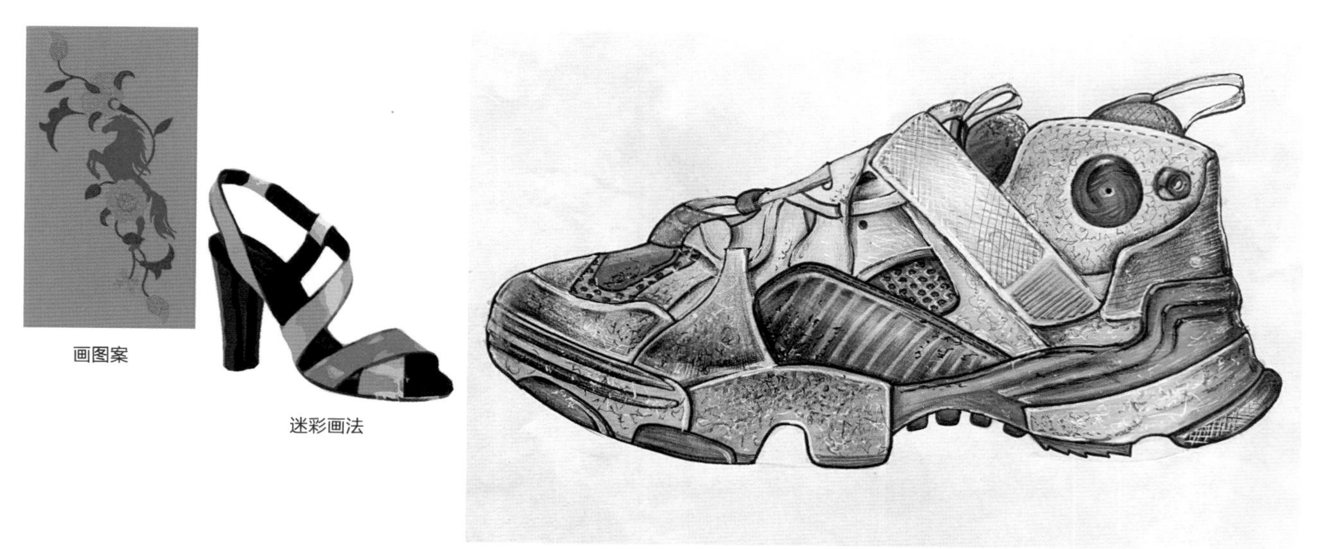

图3-4 水粉画练习步骤
（作者：杨秦 指导：刘剑）

第二节　水粉色块画法

色块画法就是类似迷彩状，每块都是平的并且色彩不一样，边缘线很干净，通过训练达到每块色彩相对准确的目的（图3-5）。后来经过不断演变，色块画法与写实水粉画法又有了一个过渡阶段，那就是色块与写实结合的方法，因为厚画法的色彩过渡较难画，而通过色块与写实结合的方法就相对比较容易画出效果。图3-6这一对鞋的帮面采取的就是这样的方法，色块的渐变过渡出现由暗变亮的过程。

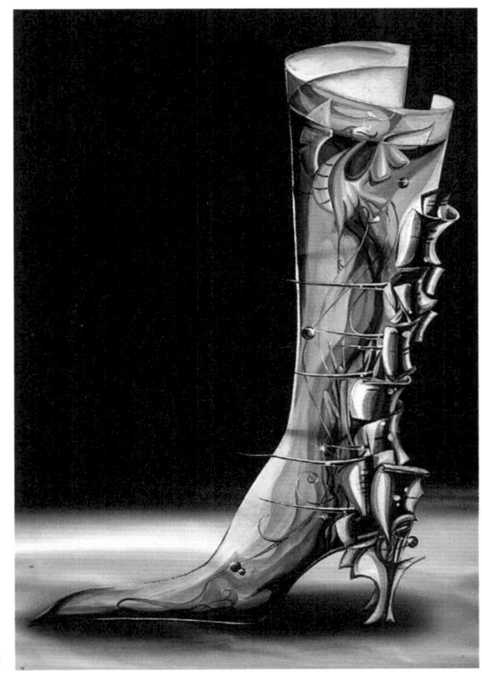

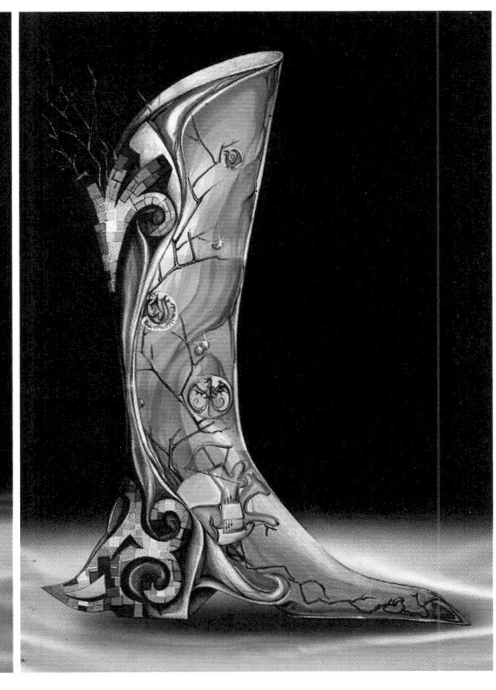

图3-5　长靴色块画法
（作者：徐秋堂　指导：刘剑）

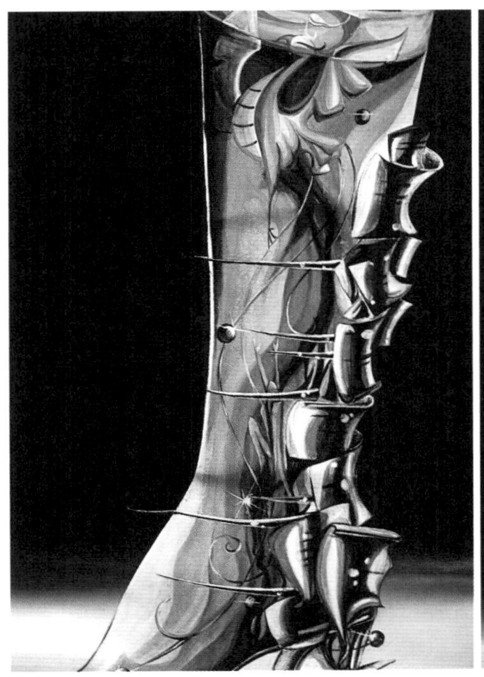

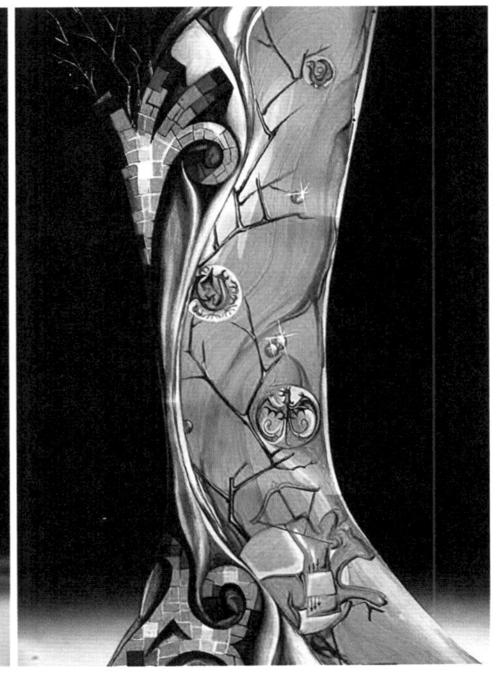

图3-6　黑白直观图

第三节 水粉商业画法

水粉商业画法分两步:

首先用水粉平涂，选取单位区域的固有色，也可以是面积最大的色彩，以图3-7中的鞋为例，选取每块色块的中间色进行平涂，颜料的厚度略厚（不能太厚，否则后期彩铅画上去会很粗糙）。色块的顺序由大到小，由暗到亮，假如这两点重复，先考虑由大到小。

等水粉颜料全部干透后，采用彩铅卡边过渡画法，彩铅笔头的粗细可以根据材质的质地进行选择，对细节的表达也采用这种方法，平涂灰白的底，干透后，用红色彩铅来画细节。

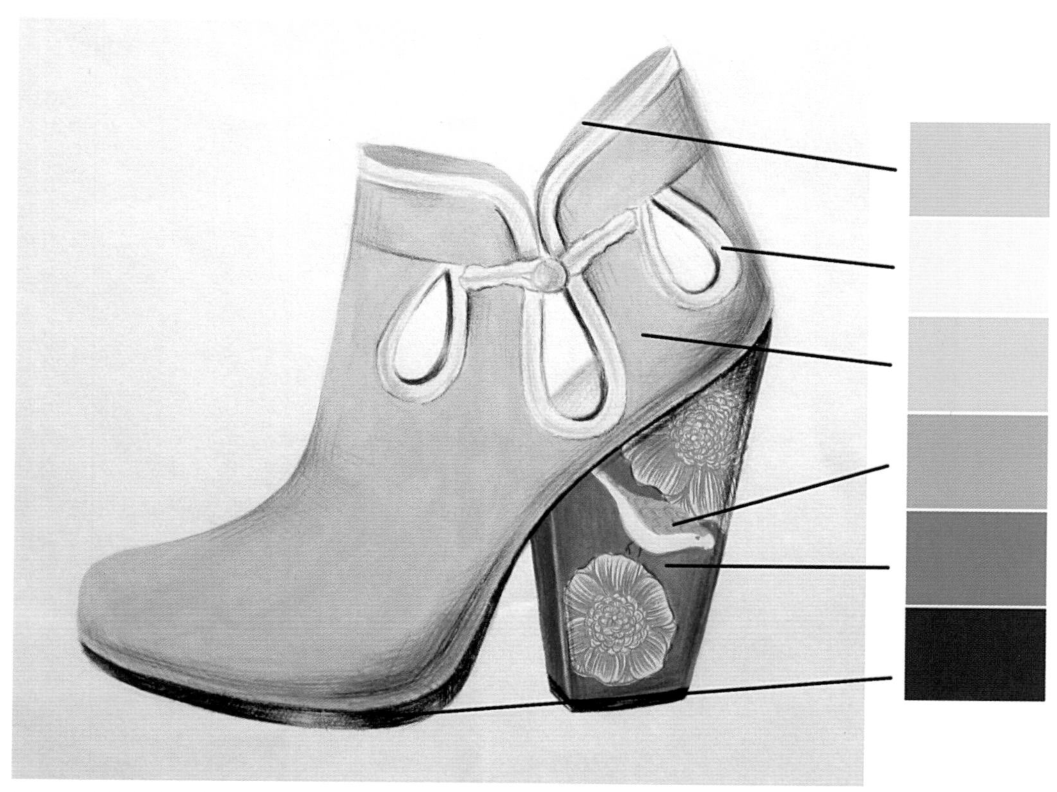

图3-7 水粉商业画法
（作者：尤露怡 指导：刘剑）

第四节 水粉艺术画法

艺术画法也称写实画法，一般是参加比赛或者一些鞋企对效果图要求高、要求精致而采用的画法。一般的步骤是画轮廓→略薄的色彩铺大的底色→采用厚画法→细节刻画，调整。下面介绍一种类似但更好的方法，如图3-8所示。

①用铅笔画出轮廓后，用水溶性彩铅描边线，注意表现出毛的松动性。

②用水溶性彩铅大致画出整只鞋的明暗五调子和色彩关系。

③用蘸水的毛笔顺着形体“走”的形式对水溶性彩铅进行晕染。

④用水粉厚画法逐渐深入刻画，注意画面鞋主体与后面牛骨头的空间关系，靴子的各个

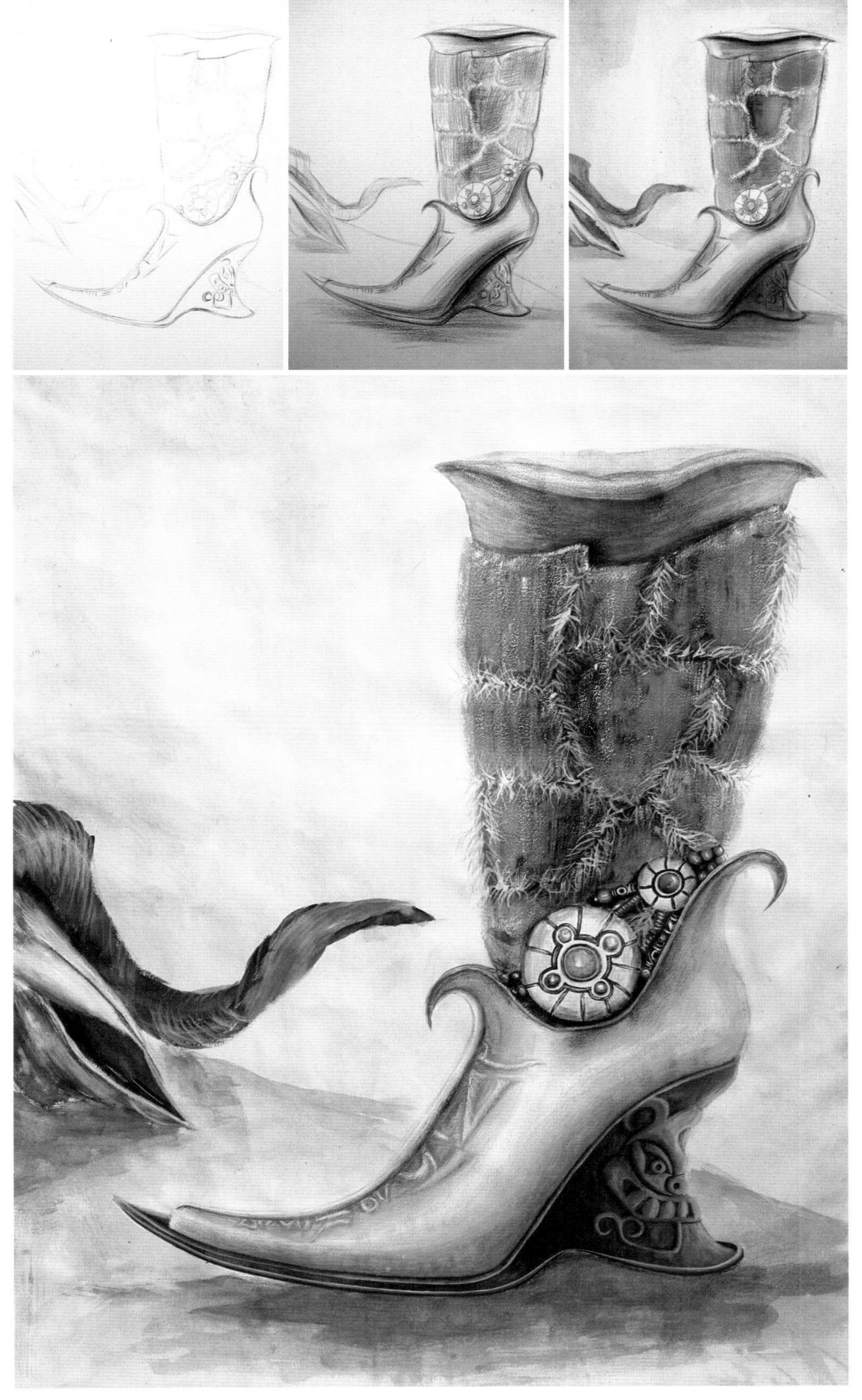

图3-8　水粉艺术画法
（作者：方琼瑶　指导：彭艳艳）

细节要有重点，鞋底上的花纹不能比其他配饰表现强烈等，直到完成。

这种画法的好处在于第二步，相对于传统的直接用水粉薄画法，铺底容易控制，尤其是对于微妙的色彩关系，这样有利于后面步骤的深入刻画，色彩与笔触表达上衔接性更好。

第五节　水粉颜料的运用

在掌握了写实水粉画法之后，可以尝试类似水粉颜料在实体鞋上进行绘画个性定制，图3-9鞋原是纯白色的AJ zero why not 1.0，历经去膜、喷绘、上保护剂几大步骤。

图3-9　实物鞋改色
（作者：黄超宇　指导：刘剑）

采用的颜料Angelus是专业的皮革染料，属于水溶性植物染料，遇水、酒精即溶，对皮革有良好的改色作用，因此去膜剂即是由酒精和水以高比例调配而成。去膜时应戴上手套，用纱布擦拭皮革表面以去除皮革表面的保护膜。注意应轻柔的反复擦拭3~4次以确保去膜成功。

这双鞋的主色调由蓝色、白色、金色配比而成，辅色是橙色和天蓝色。调配浆料时应调配足够剂量，采用喷枪喷涂改变鞋面色彩。首先在鞋面用铅笔画轮廓线，再依次由浅色到深色喷鞋面上色，再用美纹纸遮盖鞋底等不上色区域，喷绘时应使喷嘴垂直于鞋面，注意每种不同颜色间的分隔线，可稍稍用纸片遮挡以防误喷。鞋面凹凸处应反复喷涂上色，喷涂三遍最佳，每遍都薄喷，区分水粉颜料，薄喷烘干后进行第二遍上色，同理进行第三遍上色，切记勿厚涂。喷涂结束后用勾线笔进行细节处理、颜色区分、外部轮廓勾勒，然后烘干。

用毛刷或喷枪将保护剂喷涂至鞋面，喷两次最佳，可保证定制球鞋不掉色、不染色，保证颜料进一步与鞋面融合融洽，为了确保喷绘效果，可以选择亚光或其他保护剂进行最后一次喷涂。

第四章

鞋类效果图水彩技法表现

水彩效果图是用透明颜料与水调和用于作画的一种绘画方法。由于色彩较透明，多层色彩覆盖可以产生特殊的效果，且通过时间差控制水与颜料的调和更会产生不同的色彩感受，但覆盖过多或调和颜色过多会使色彩显得肮脏。

有了水粉配色的基础，可以比较自然地过渡到水彩运用阶段，对水量的控制需要一定的训练过程。水彩画画面大多具有通透的视觉感觉，绘画过程中水的流动性非常重要，水彩颜料的透明性使水彩效果图产生一种透澈的表面效果，而水的流动性会生成自然洒脱的意趣。在纸张的选择上，水彩纸最佳，其次是素描纸。颜料可以是普通水彩颜料、固体水彩颜料和透明水色颜料。透明水色颜料最大的特点就是透明；水彩颜料相对来说具有一定的覆盖力，但遮盖力不如丙烯颜料和油画颜料；固体水彩颜料特性介于两者之间，体积较小，便于携带，是很多设计师喜欢的绘画工具之一。

水彩绘画颜料如图4-1所示。

水彩颜料

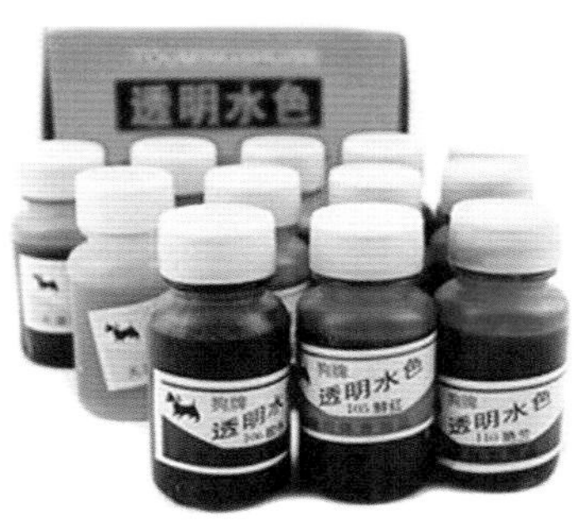

透明水色颜料

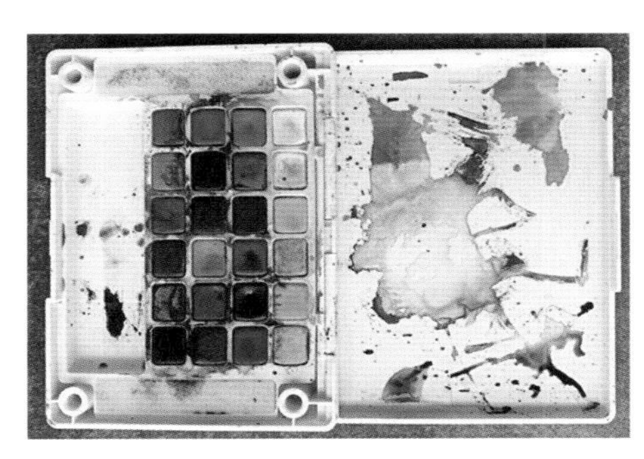

固体水彩颜料

图4-1　水彩颜料

第一节　水彩颜料与不同要素的关系

在绘画之前，可以在草稿上试试水、颜料、纸张和时间的关系。图4-2中的（a）蓝色和黄色下笔的间隔时间是2秒，可以看出两张颜色混合得很自然；（b）两种色彩下笔的间隔是15秒，可以看到有融合，但是中间依稀可见一条线，那是因为蓝色画15秒后，黄色画上去的时候蓝色已经有些干了，所以会有“线”的印记；（c）两色下笔间隔是7秒，色彩融合程度是介于2~15秒的状态。

颜料和水各自的用量多少也会产生不同的效果，水多则流动性大，难干，有利于不同色彩的融合。不同纸张，甚至是不同品牌的水彩纸的吸水性能是不一样的，一年四季天气的不同状态、湿度的不同都能产生不同的水彩画效果。所以，要通过不断的绘画实践掌握水彩技法。

(a) (b) (c)

图4-2 不同时间下笔时颜料的融合状态

第二节 水彩画的基本技巧

水彩画的技巧也有很多种。一层层的叠加即为层涂；在邻近的颜色旁涂色是接色；也可以利用水分的挥发时间、画纸的吸水性对水彩颜料进行各种各样的创作。水彩的起稿也是很重要的。

起稿有多种方法，可以事先在纸张上用画笔画湿，在后期作画的时候让色彩在画纸上有一定的过渡。还有一种是类似画工业效果图，用大笔来刷，笔触干净利落，面积超过边缘线。

在这些画法里面也可以融入几笔干画法，背景用灰紫色的互补色——土黄色，用“皴”的方式，使大背景色彩显得丰富，如图4-3所示。为了使笔触有变化，在绘制过程中可以用小喷壶喷清水的方式喷湿画面，使后面的笔触衔接自然。小喷壶还有一个作用，就是加上需要的颜色进行画面的喷射，使画面色彩丰富，产生不同的画面效果，另外采用画面撒盐、划蜡、挑刷子上的颜料、美工刀刮伤局部纸等方法都会产生不同的效果，这里不再一一列举，大家可以去尝试。

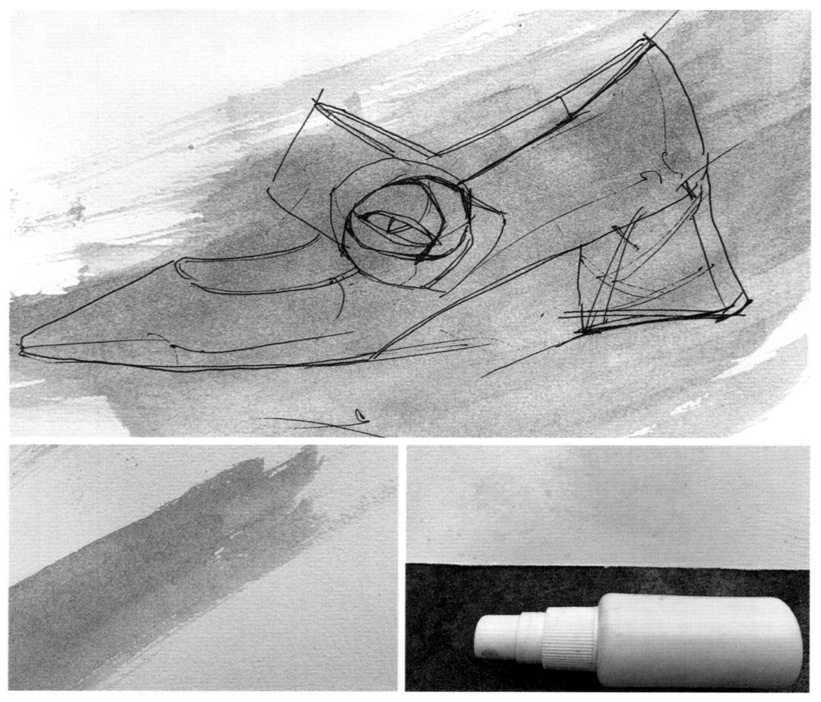

图4-3 “皴”的技巧

第三节 女式高跟鞋水彩绘画方法

女式高跟鞋一般采用的面料色调较为明亮，以达到追求时尚、吸引眼球的效果。水彩通透的特性在这种情况下发挥得淋漓尽致。如图4-4所示，女式高跟鞋水彩效果图绘制步骤如下：

①用2B铅笔勾画出鞋子的造型和细节装饰物（注意画面构图），用清水平涂整个造型。

②用透明的水彩（裸色、粉色）平涂底色部分，并根据光线直接留出鞋面高光位置。

图4-4 水彩绘画女式高跟鞋
（作者：陈舒）

③用加深的颜料色系强调明暗对比，注意笔触的方向变化。刻画鞋面和鞋带时注意前后层次关系的虚实结合。用彩色铅笔加强阴影处理，强化反光的质感。

④用褐色彩铅局部勾线，注意控制线条的力度，虚实结合。

第四节　花饰女鞋湿画法

水彩在经过水的融合后，会变得更加薄和通透，因此用来画一些饰扣，给画面增添一种灵动的感觉，显得更加生动。如图4-5所示，湿画法步骤如下：

①用蓝色彩铅勾画出鞋子的造型和细节花饰，注意线条要体现出花饰的松动性和鞋形体的严谨性。

②在要画的区域上洒上清水，利用水彩颜料对灰部区域的渗透性，从暗部入手，在此过程中注意明暗交界线的塑造。

图4-5　花饰女鞋湿画法

③从灰部快速展开对灰亮部的渗透，注意留白的形状和白色区域的边缘线。

④快速进行三大面的刻画，画面始终保持半干湿状态（要是有点干马上洒一层清水），最后做画面调整。

第五节　毛皮装饰的女靴水彩表现技法

在绘画有毛皮装饰的女鞋的时候，要注意表现材质松软的质感，不能显得过于僵硬，否则画面会太死板。如图4-6所示，毛皮装饰的女靴水彩画法步骤如下：

①用2B铅笔将鞋靴款式轻轻勾画出来，包括该女靴的形体结构线、毛皮装饰等。要尽量做到所勾画出的鞋靴款式造型符合设计要求。构图主要是把女靴的大小和位置在画纸上安排得当。

图4-6　皮草装饰女鞋
（作者：彭艳艳）

②根据设计构思，找准所画鞋靴的基本色彩倾向，从大的结构处和暗部开始涂第一遍色，选用玫瑰红加群青色的调配色。在上色过程中可以在水彩纸上先加一些水，颜色不要一次涂得过深，同时，还要注意在水分未干时马上进行第二遍上色，即湿画法，会有一些色彩晕染出来，将相互关系画对。

③同样是从女靴大的结构处和暗部画起，由暗部向亮部过渡，使颜色加深一些。同时，画出一些深灰（明度）调子和次要结构的浅调子。这时候，需要调一些湖蓝加群青的色彩，用墨绿色来进行色彩过渡。浅调子部位色相往往与暗部和深灰部的色相有些区别，需换较浅的同类色水彩来画。

④深入刻画阶段是用丰富的调子层次与色彩来充分表现鞋靴结构、形态、质感和其他外观细节。在对该女靴深入刻画的过程中，需要表现出毛皮的质感，要对毛皮的层次进行划分，不同层次用不同色彩作为过渡，如玫红色加群青色是颜色最深的，接下来就是玫红色、紫红色等，注意色彩的搭配要有明度差。在画效果图的过程中，可以根据色彩的深浅加入不同的水分。因而，需对效果图进行最后调整，需要调整的内容有女靴的色彩倾向和形体结构是否准确，材料质感是否表现出来，明暗关系是否整体等。

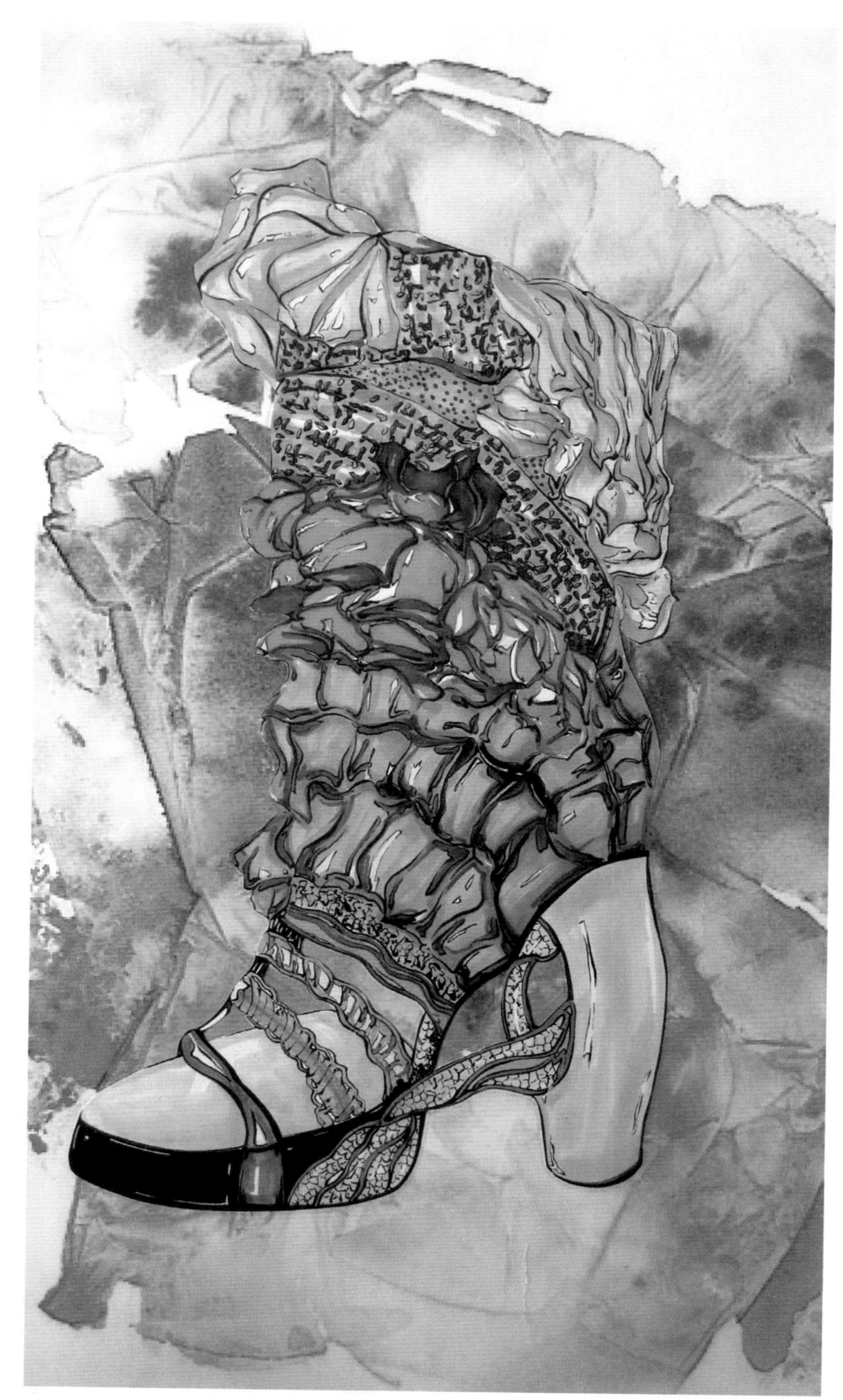

图4-7　水彩女靴艺术创作效果图
（作者：周露　指导：彭艳艳）

水彩女鞋艺术创作效果图如图4-7所示。

第五章 鞋类效果图马克笔技法表现

第一节　绘画工具

马克笔是绘画专用的一种彩色笔，拥有软、硬两种笔头，如图5-1所示。大笔头为方形，适用于大面积的上色；小笔头为圆形，适用于细节上的刻画。

图5-1　绘画工具

马克笔常用于设计物品和绘制广告标语、海报，或用于其他美术创作等，可画出变化不大的、较粗的线条。马克笔墨水分为酒精性、水性和油性墨水。酒精性墨水在各方面的性能最佳；水性墨水类似彩色笔，不含油精成分；油性墨水因为含有油精成分，故味道比较刺激，较容易挥发。

在鞋类效果图的运用上，通常以酒精性马克笔为主，以彩色铅笔、彩色管针笔和高光笔作为辅助，绘画纸张以质量较高的A4打印纸为主。

第二节　草图的作用

在有了一定的素描、色彩和速写的基础上，练习马克笔绘制效果图前，需要一个过渡承接的阶段——练习草图。缺少画草图的训练，直接使用马克笔，会很难适应马克笔颜料速干、无法修改的特点。

草图以画鞋为主，可以反复画一款鞋，在不断重复中感悟马克笔的墨水特性，形成条件性反射，直到熟悉马克笔特性为止。如图5-2这张鞋类草图，笔者没有用铅笔勾画轮廓，一次性直接用针管笔勾线，画了10张，这是其中最满意的一张。

不断练习，这在马克笔的技法里是非常重要的。通俗讲，就是练习手感，一瞬间达到人脑、手和笔的高度和谐，画出满意的线条和大的色块。通过重复练习，找到图5-3、图5-4所示适合该鞋的最佳笔触，再在草图的基础上进行效果图绘制。

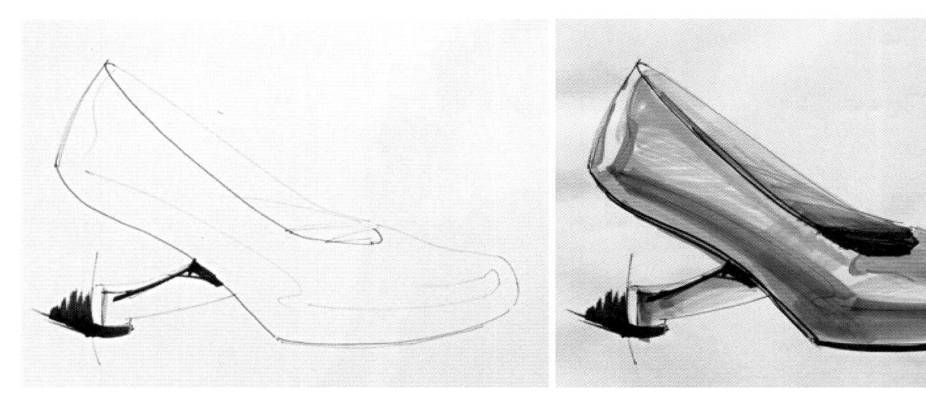

图5-2　马克笔女鞋草图练习一

图5-3　马克笔女鞋草图练习二

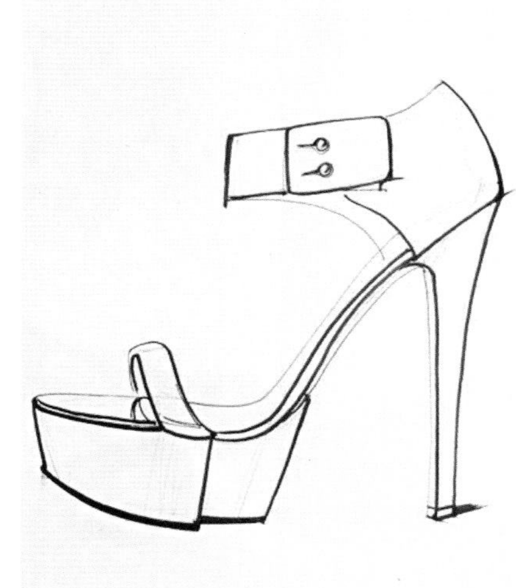

图5-4　马克笔女鞋草图练习三

第三节　不同材质和配饰的表现

在画鞋类效果图之前要对鞋类面料和配饰有一定的认知和绘图训练，可以选一些典型性或者目前比较流行的材质和配饰进行训练，这对后面的整只鞋的效果图绘制以及材质和配饰的表现有重要意义。

材质和配饰有一定的关联性，这个过程中学会观察和延伸学习，当训练到一定程度时，可以自行掌握其他材质和配饰的绘制，达到自我提升的目的，这是非常有必要的，无论是对接下来的学习还是将来的工作都是影响深远的。

1. 豹纹、麻绳、绒皮、蛇皮纹、石头纹的表现

在动笔之前，先对实物进行观察，找到它们各自的特征，包括联系和区别，然后绘图。马克笔画法的基本步骤：勾线→铺大底色→突出黑灰白→细节刻画→调整。

①用针管笔与彩色铅笔勾画出线条（图5-5）。

②用大头马克笔铺出底色（图5-6）。

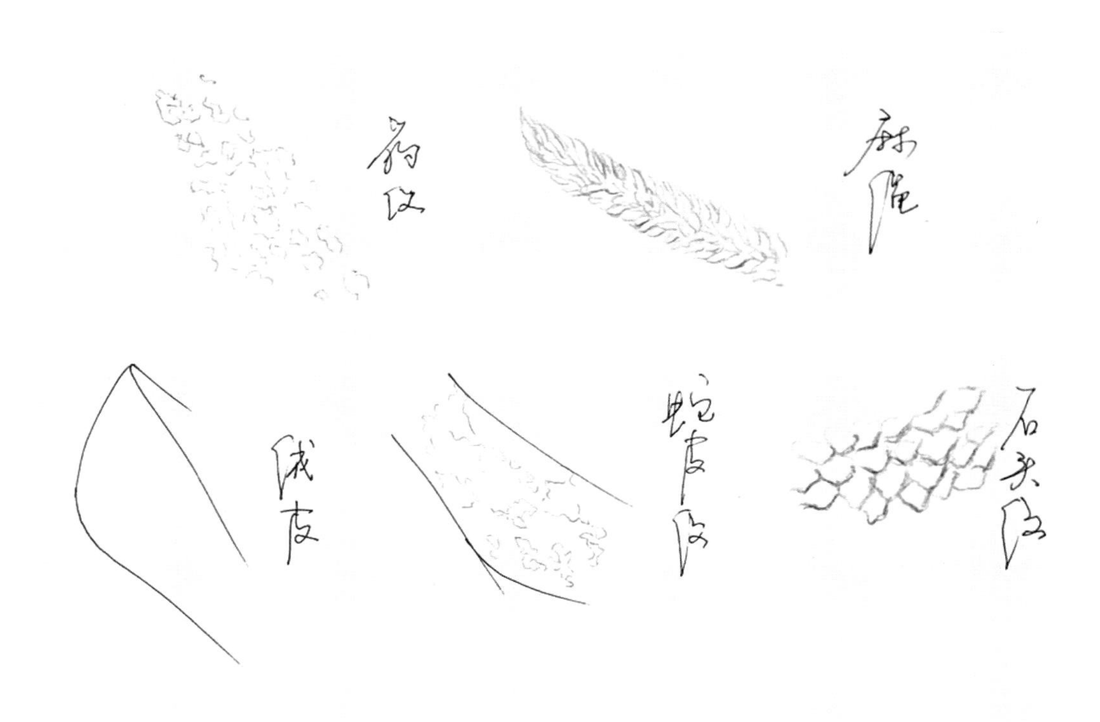

图5-5　针管笔和彩铅线条

图5-6　马克笔铺色

③用大头马克笔画出暗部色调，强调黑、灰、白三大面的关系，对一些面料可以使用彩色铅笔绘画（图5-7）。

④用小头马克笔和彩色铅笔画出细节，并做调整（图5-8）。

不同材质花纹的绘图表现与实物对比如图5-9所示。

图5-7 强调三大面

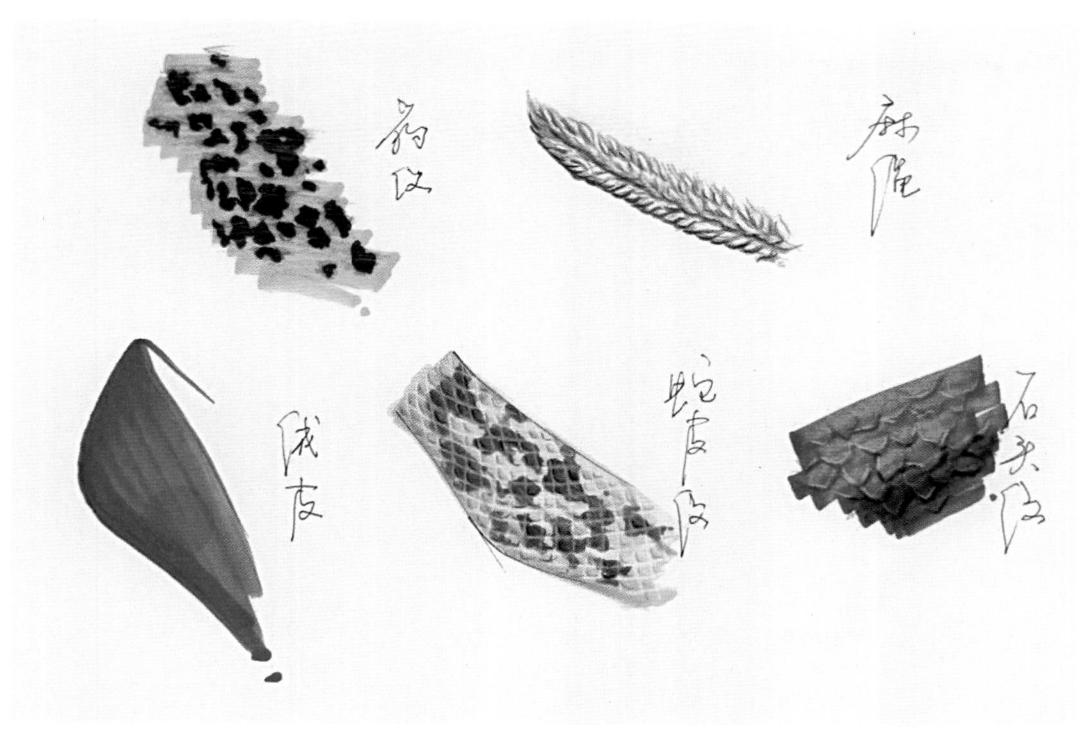

图5-8 刻画细节

图5-9　绘图表现与实物对比

2. 各种飞织材料的表现

①用针管笔勾画出线条，注意线条的虚实变化，用马克笔大头可以画得随意一些（图5-10）。

②用大头马克笔铺出底色，使用针管笔时注意线条的编织感（图5-11）。

③用小头马克笔画出暗部色调，强调黑、灰、白三大面的关系，刻画细

图5-10 画出线条

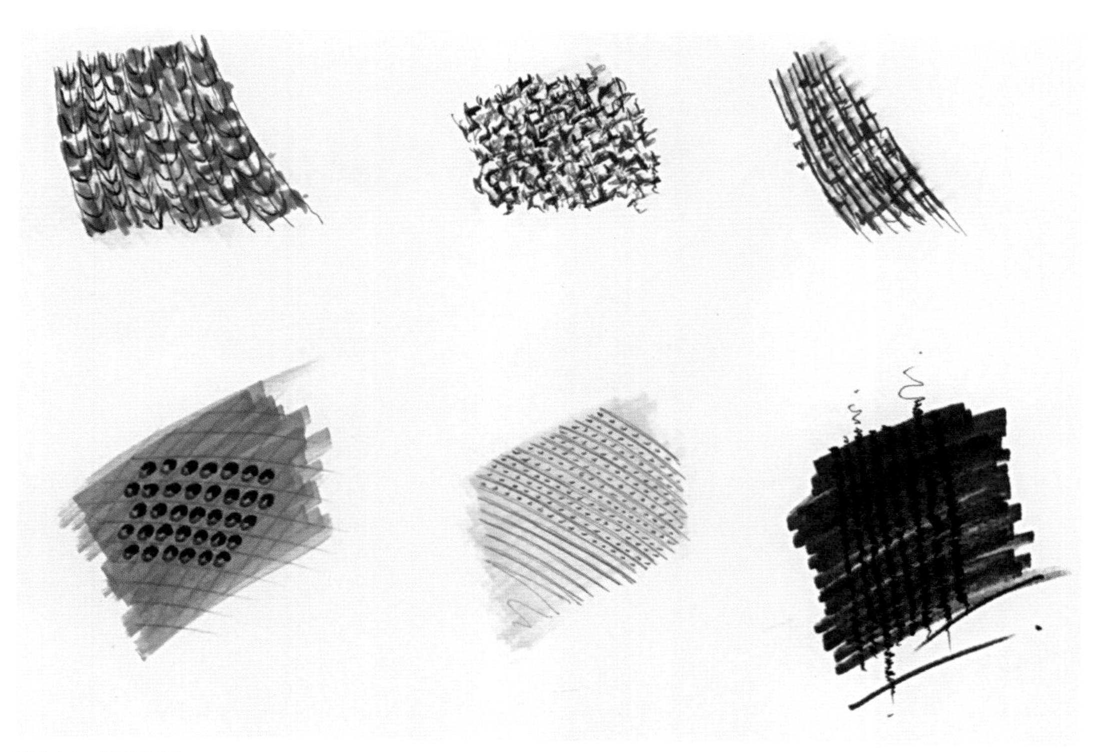

图5-11 铺出底色

节，注意节奏（图5-12）。

飞织面料绘图表现与实物对比如图5-13所示。

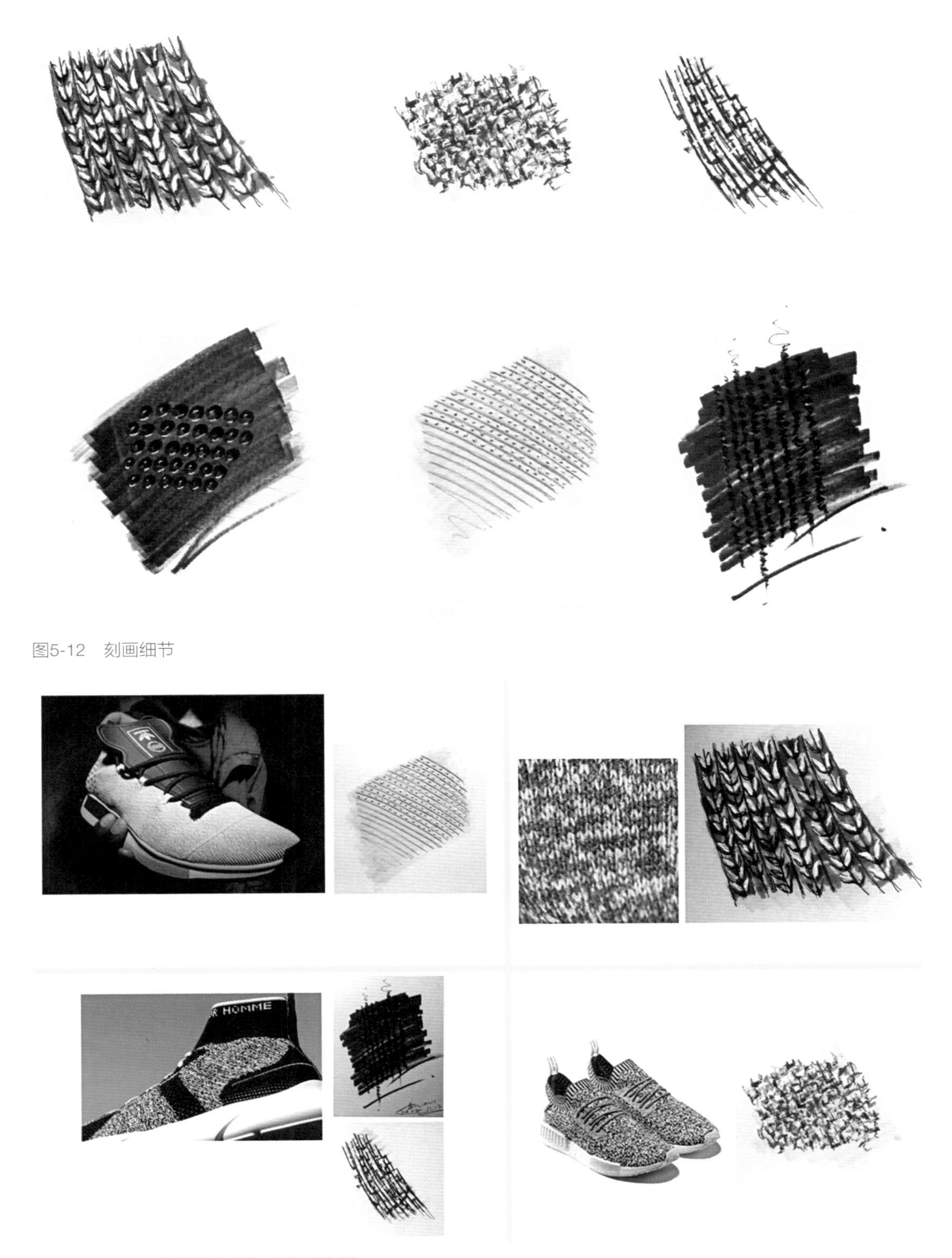

图5-12　刻画细节

图5-13　飞织面料绘图表现与实物对比图

3. 各种特殊材质的表现

①用水笔勾线，毛质用彩铅勾线（图5-14）。

②用马克笔大头画出底色黑、灰、白三大面的基本分布（图5-15）。

图5-14　水笔勾线

图5-15　铺出底色

③一些材质可以用针管笔具体深入地绘画，注意形体与细节的关系（图5-16）。

④最后阶段是高光笔的运用，注意整体的调整和把握（图5-17）。

一些特殊材质的绘图表现与实物对比如图5-18所示。

图5-16　具体深入刻画细节

图5-17　整体调整

图5-18　一些特殊材质的绘图表现与实物对比图

4. 各种花饰的表现

①作为配饰的花饰，勾线上要放松、放得开（图5-19）。

②用“卡边”的方式画投影，再向暗部渗透（图5-20）。

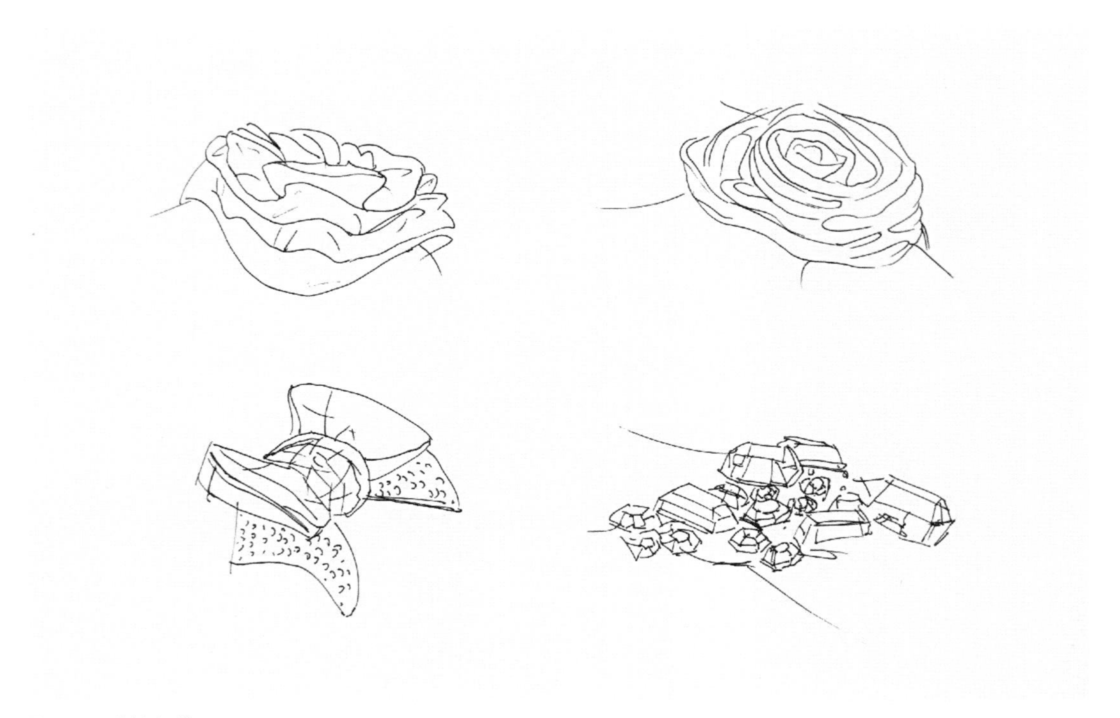

图5-19　花饰勾线

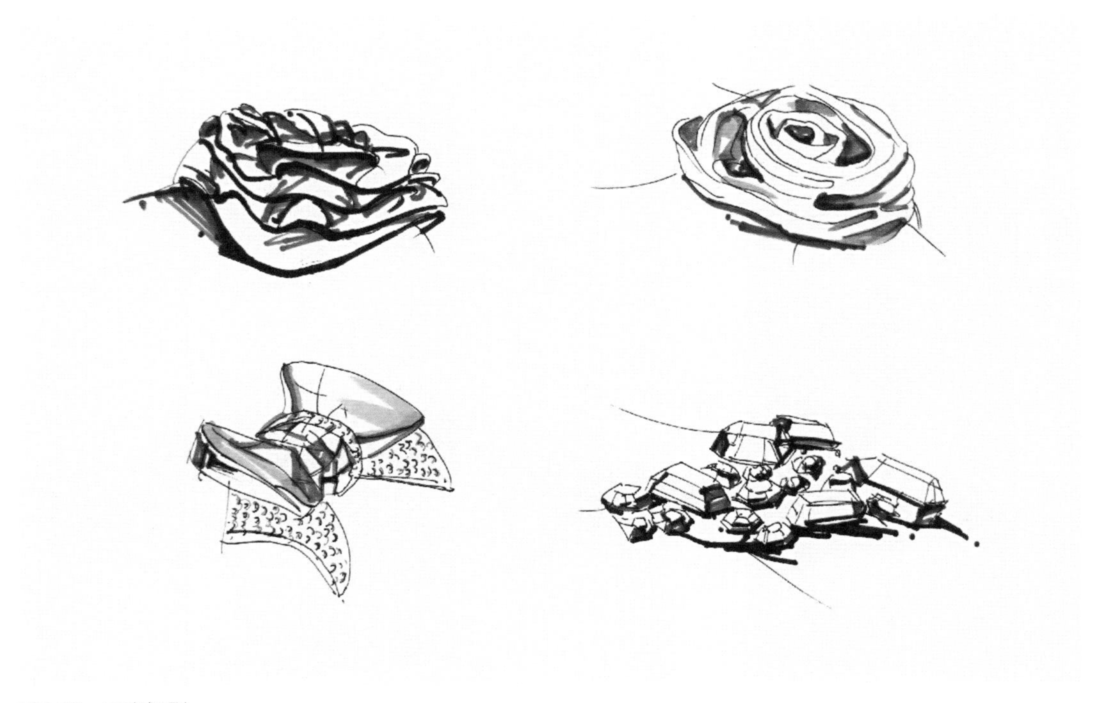

图5-20　画出投影

③暗部向灰部渗透，注意钻和宝石的色彩要很透，笔触干脆利落、不要墨迹（图5-21）。

④最后调整画面（图5-22）。

花饰的绘图表现与实物对比如图5-23所示。

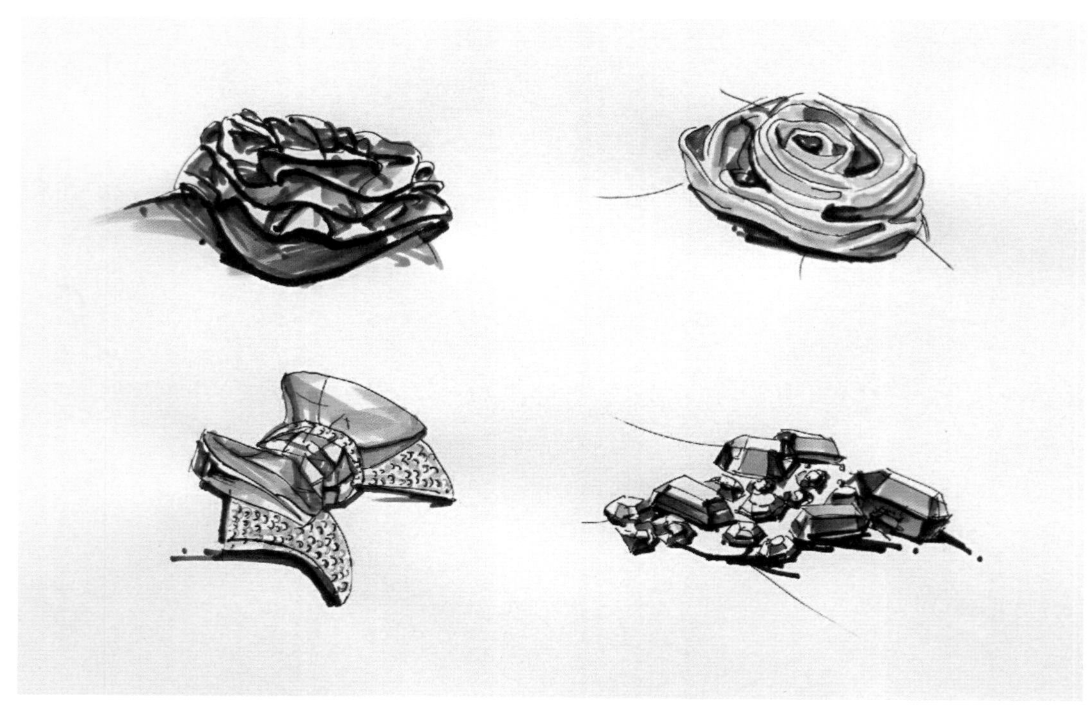

图5-21　加强质感

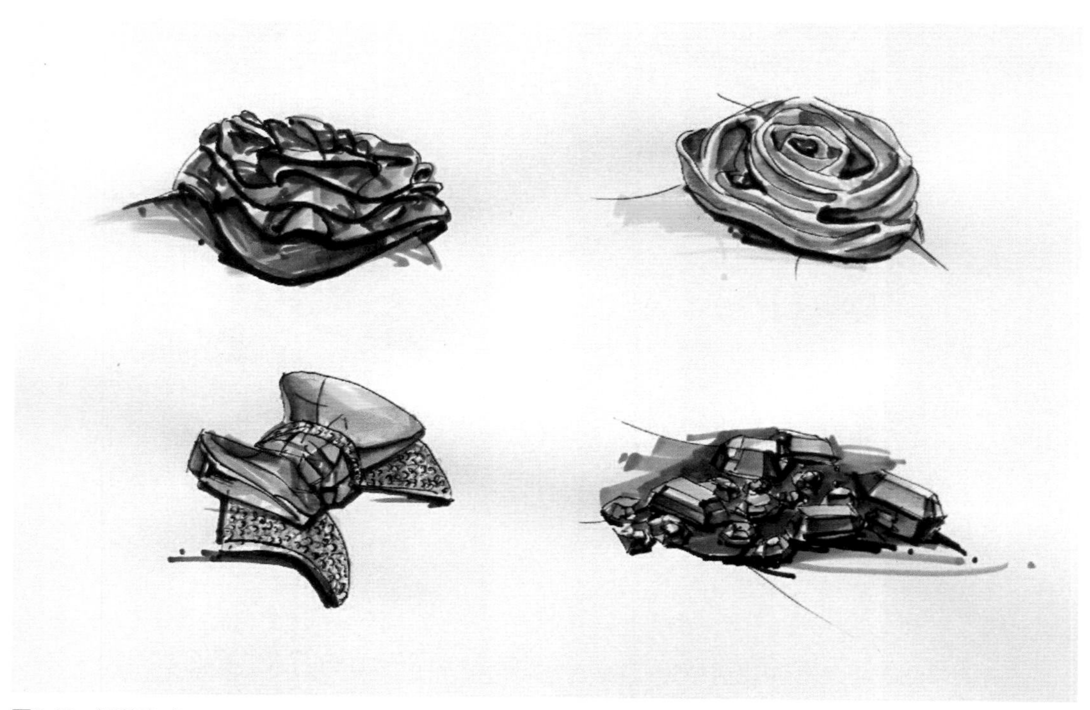

图5-22　调整完成

图5-23　花饰的绘图表现与实物对比

第四节　马克笔初级技法表现

用马克笔在真正意义上画好效果图，还是有些难度的。真正意义指的是有一定的功底。运用有技巧的水笔排线方式和马克笔的笔触来表现画面，与一般的商业画法有所区别，却有着比商业画法更快、更利落的表现。

一些专业学建筑和工业设计的设计师会认为在有了好几年的美术功底的基础上，经过三大构成的学习，再临摹一些环艺和工业手绘效果图就可以画鞋类效果图了。但是当用马克笔来表现鞋靴的时候，会很失望，画不好！

工业效果图、建筑效果图是马克笔最基础的表现语言，但是不能直接过渡到以鞋楦形体为基础的鞋类效果图，还需要进行服装效果图的练习，服装效果图表现的基本是软材质的衣服面料。经过如此训练，再画鞋类效果图就会有感触，顺手很多。然后再提高一层，找到适合自己的大师的画进行临摹，会更有突破口。

下面针对初级马克笔画法从微观角度出发进行讲解。

1. 借鉴其他画法

图5-24的画风取之于日本的漫画大师鸟山明，他是公认的日本漫画界的代表，《七龙珠》是他的成名作，笔者借鉴了其中水笔排线的方式。

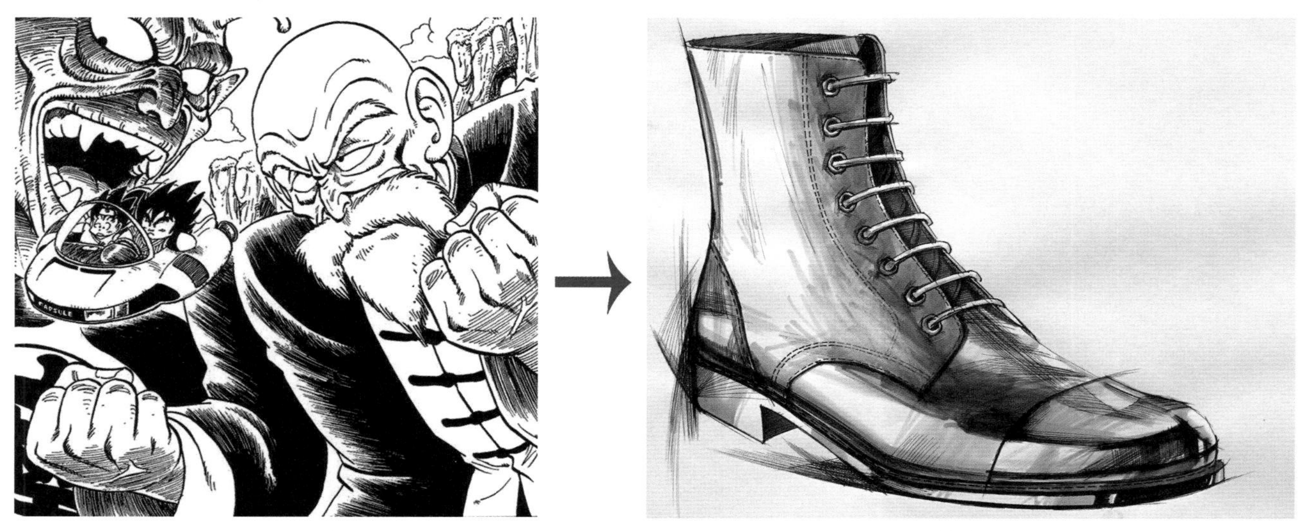

鸟山明《七龙珠》　　马克笔鞋类效果图

图5-24　鸟山明画风的马克笔鞋类效果图

图5-25所示鞋类效果图从米芾《临沂使君帖》而来，米芾与蔡襄、苏轼、黄庭坚合称“宋四家”。宋代书法家讲求个性和意趣，而米芾对此尤其突出。笔者的马克笔吸收了“横竖画顺锋入笔，收笔放锋或上下连带，转折顺锋下行，钩放锋挑出”等特点，在效果图蓝色区域得到体现。

米芾《临沂使君帖》局部　　马克笔鞋类效果图以及局部

图5-25　吸收书法的马克笔技法

而图5-26充分吸收了美国插画大师保罗·加利铅笔画技巧。鞋是“扇形”的排线分布，它不但可以起到线的疏密和节奏变化，而且会形成块面的自然下转，尤其对鞋靴的转折很适合，并且很服帖。不同组的“扇形”又组合成不同的面，“扇形”的力道深浅、形状、倾斜程度、色彩、明暗的变化又延伸出不同的变化。但是无论怎么变化，不能呆板地重叠，重叠一般也是不同“扇形”边线重叠0.5~2毫米（以A4纸张为比例）。而借鉴保罗·加利作品的工业变异椅子为跟底的鞋，就是运用排线的方法，与上面的重叠更加讲究，表面上看每组排线是0.5~2毫米（以A4纸张为比例）。

具体绘制步骤如下：

①线稿效果介于草图与效果图之间，线条要放得开，收得住（图5-27）。

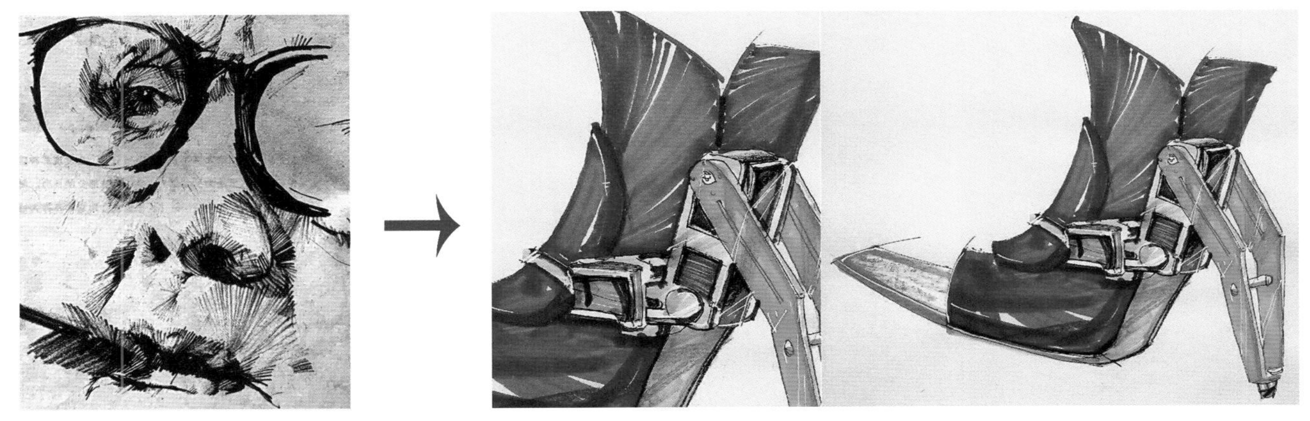

保罗·加利铅笔画

马克笔鞋类效果图以及局部

图5-26　吸收融合的马克笔技法创新

②运用马克笔上色时不要像传统方法先铺大面积，因为马克笔追求笔触，可以从小面积入手，找到手感再逐渐铺开（图5-28）。

③用保罗·加利的扇形笔触大面积铺开，不同扇形笔触不可重叠（图5-29）。

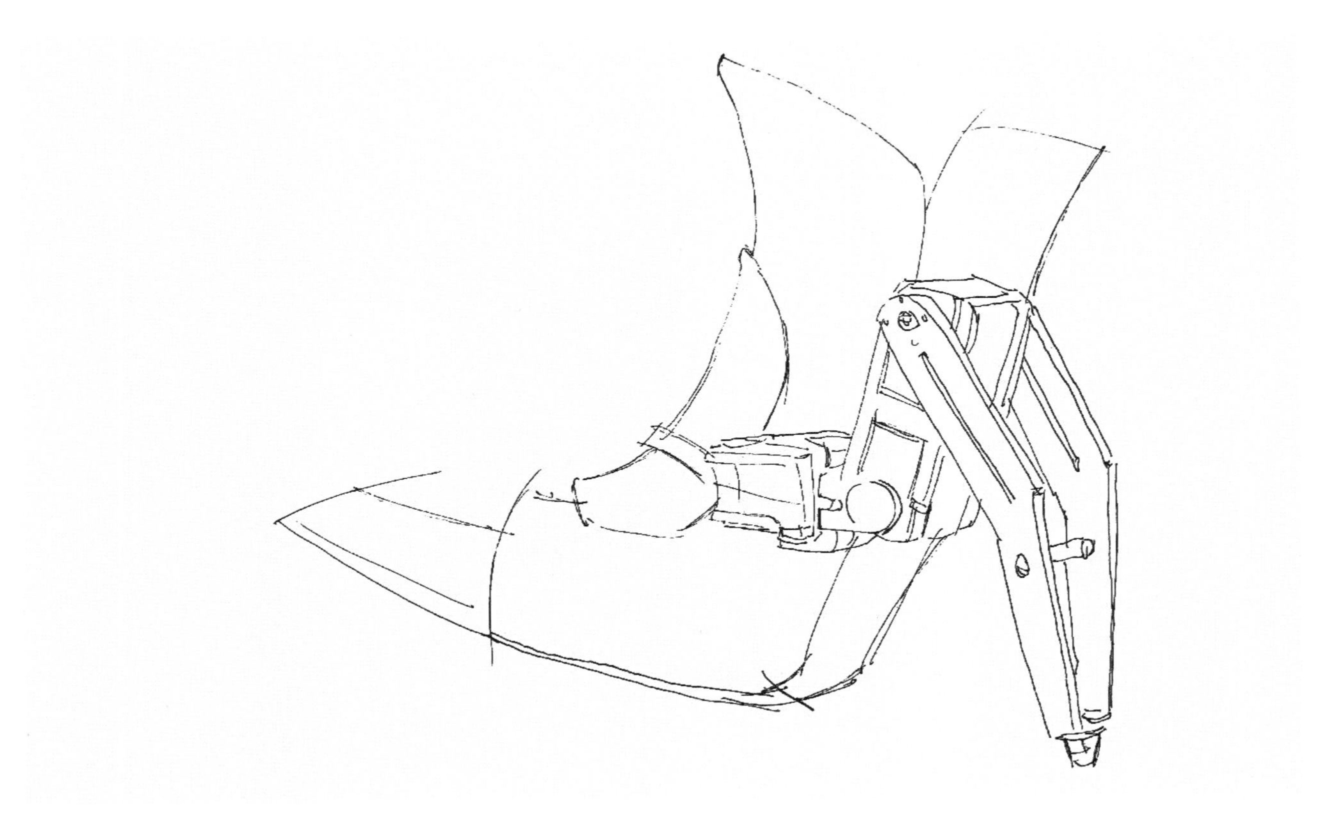

图5-27　线稿

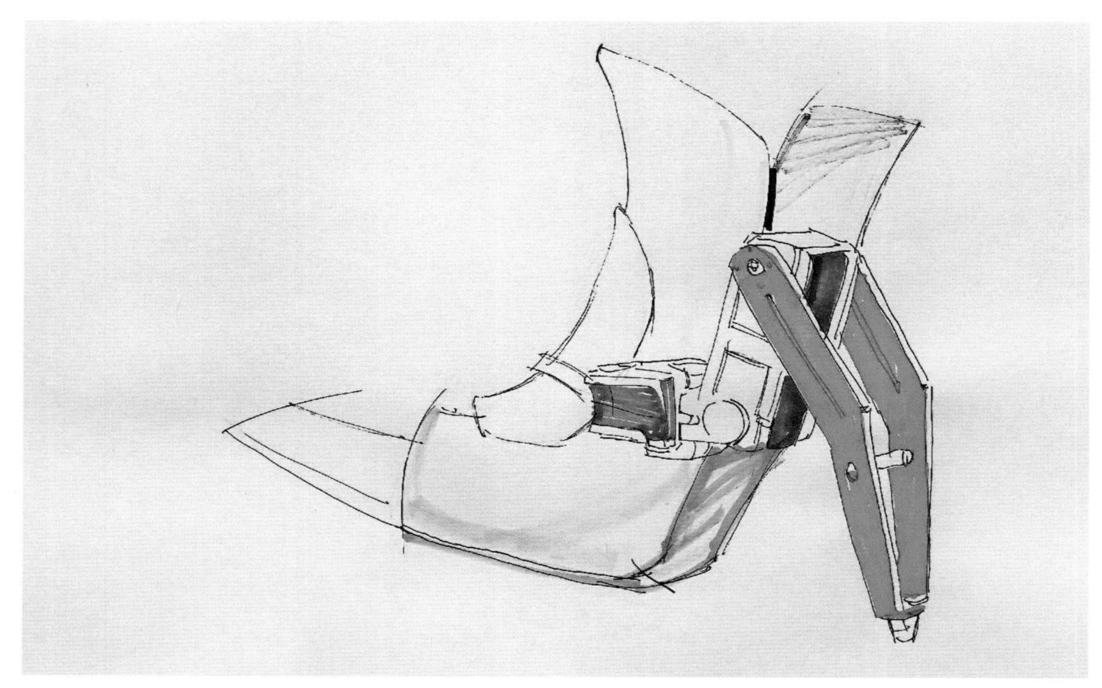

图5-28　上色

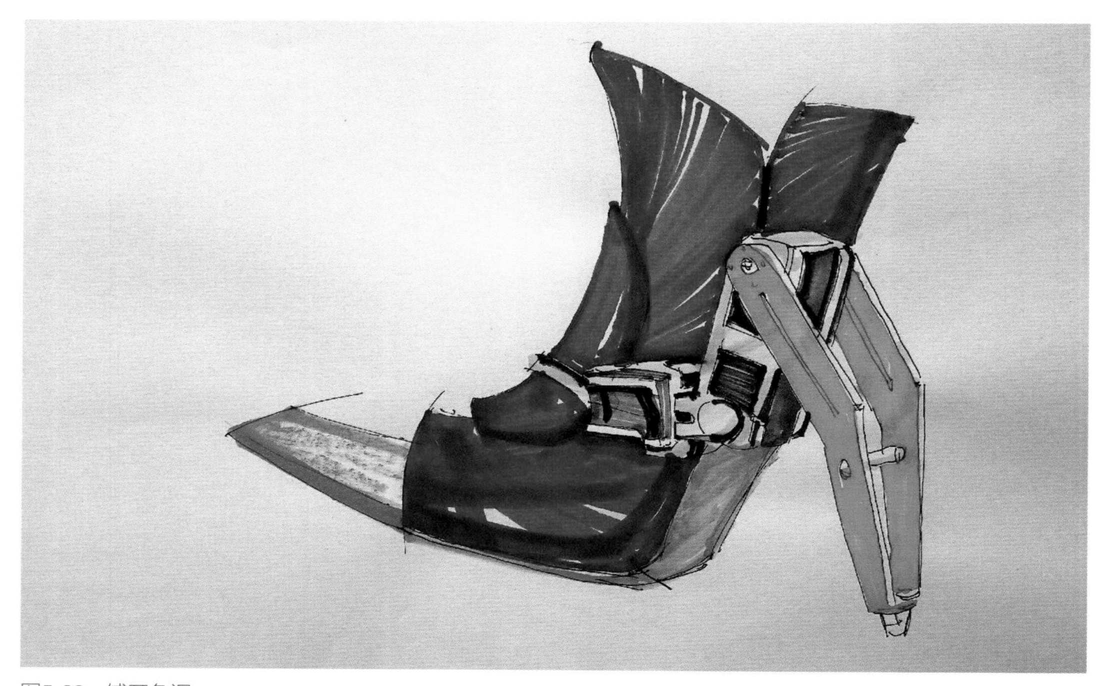

图5-29　铺开色调

④用高光笔画出金属的流动性高光（图5-30）。

借鉴保罗 · 加利的铅笔画而衍生的马克笔效果图如图5-31所示，表现技法可扫二维码观看教学视频③。

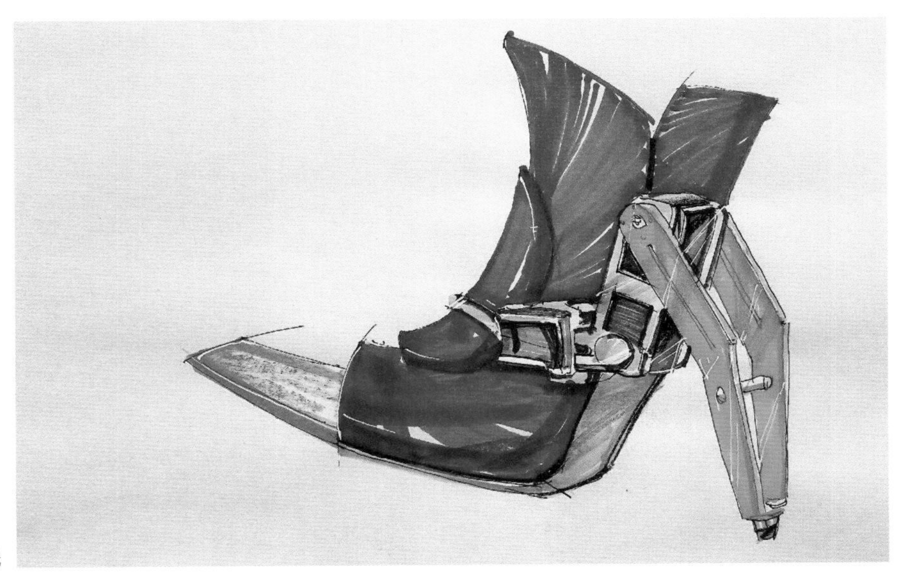

图5-30　画出高光

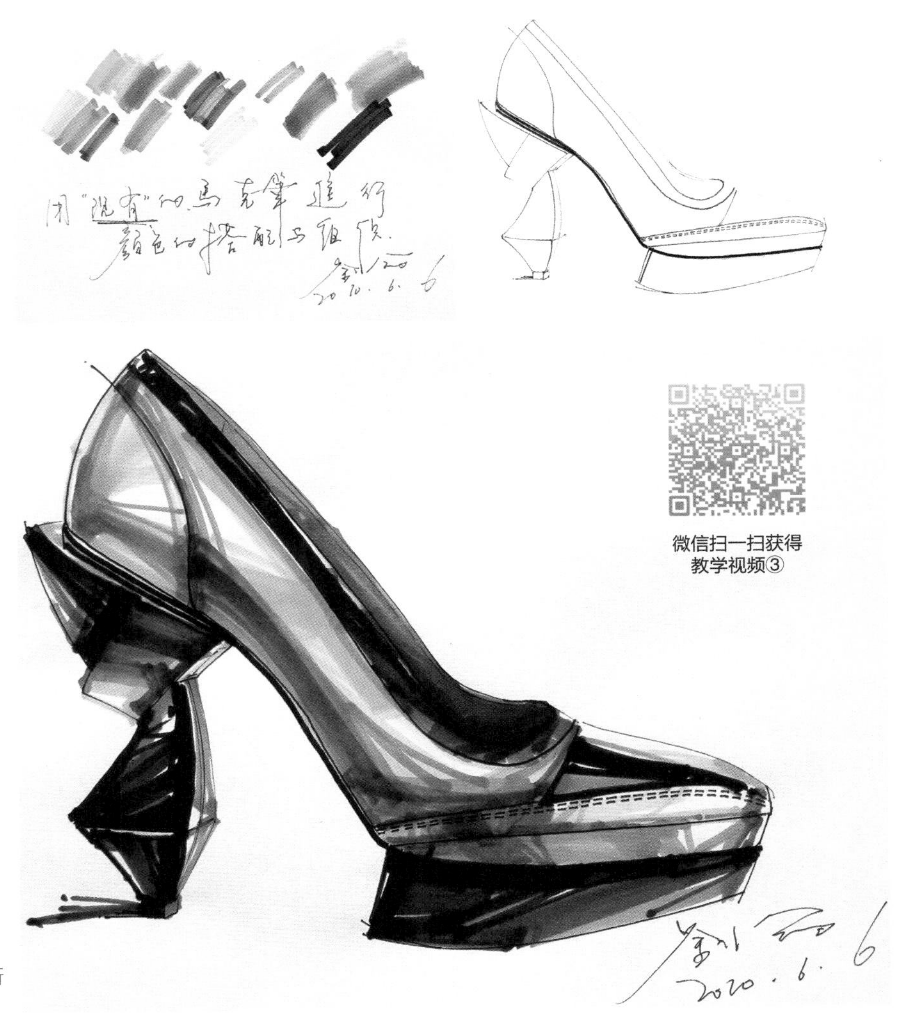

微信扫一扫获得教学视频③

图5-31　借鉴保罗 · 加利的铅笔画而衍生的马克笔效果图

2. 马克笔笔触多样性的运用

在尝试用马克笔画了一些简单的鞋款之后，可以试着挑战一下难度高一些的长筒靴，因为长筒靴的靴筒较高，所运用的笔触难度较大。

长筒靴因为上下空间较长，切勿使用从上至下的笔触，否则线条显得较为呆板。可以运用马克笔大头不同的方向、运笔速度、笔触疏密、强行笔触停顿加点的方式，以达到笔触的多样性，如图5-32至图5-35所示。

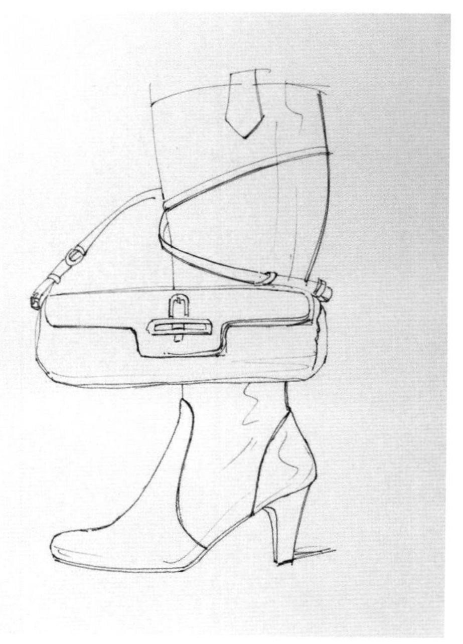

图5-32 线稿

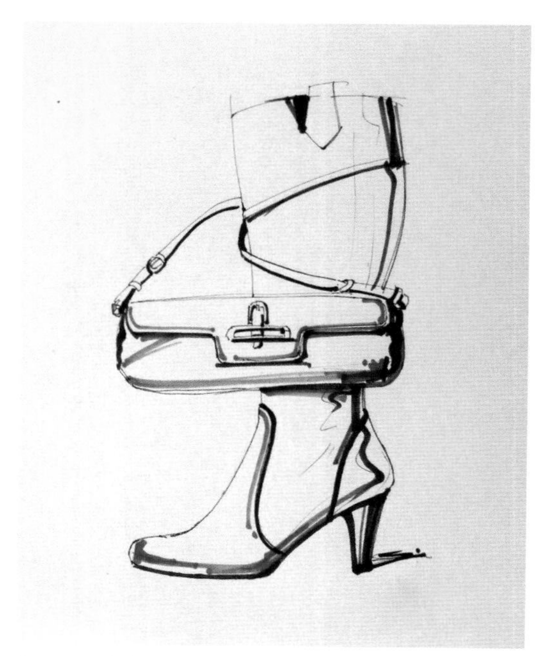

图5-33 上色

图5-34 铺色

图5-35 细节刻画

3. 速写方式的运用

用速写的方式进行水笔勾线，注意线条的变化（图5-36）。可以在小区域进行笔触的局部绘制，从暗部到灰部再到亮部，笔触要灵活（图5-37）。在中等面积区域铺开，笔触要与小面积区域相呼应（图5-38）。在亮部区域用马克笔大头侧锋画出有动感的线，增加运动鞋的冲击力（图5-39）。

图5-36　水笔勾线

图5-37　局部绘制

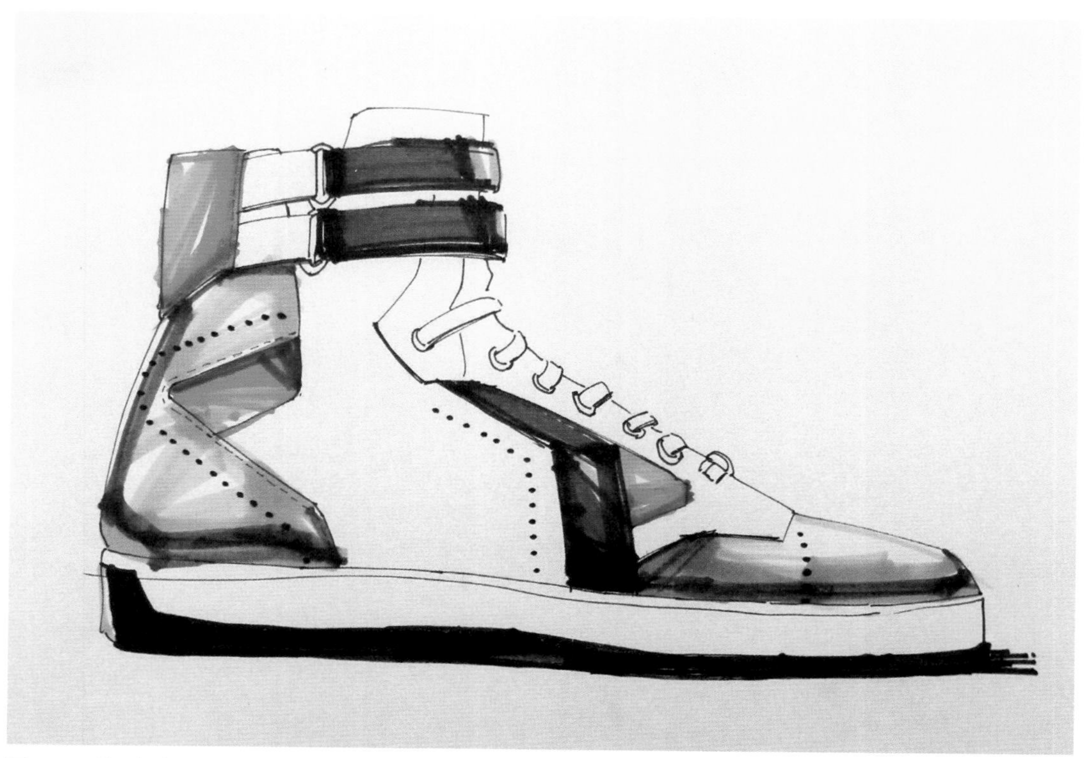

图5-38　铺开颜色

图5-39　侧锋画线

4. 类似油画的上色方法

用类似古典油画铺底色的方法，用马克笔上底色，画出基本明暗（图5-40）。马克笔上色的色彩与底色相透，形成丰富而统一的效果（图5-41）。

图5-40　铺色

图5-41　马克笔上色

第五节　马克笔中级技法表现

区别于初级技法，中级技法具体表现在色彩变化要复杂一些，笔触的运用更多样。在画色彩复杂的鞋款之前，要对实物鞋进行观察与分析，分析鞋的形体、结构、细节、材质、色彩等，做到心中有数，下笔肯定，不拖泥带水。

1. 色彩的选择

虽然绘画讲究随意和偶然性，但是它们都是建立在一定的理性认识之后的，切勿盲目下笔。在作画前构思好如何下笔，有几种表现的可能性，哪种更好；作画时要分析每一笔、每个组合、每种色彩是否合适，与预想的有什么区别，假如画坏了如何处理，画好了又如何过渡到下几笔。作画完成后要思考这画满意在哪里，不满意在哪里。假如再画一张同样的鞋效果图，应如何改进，今后类似的毛病又如何改正等。

因此在画效果图之前，要先选好色彩。选色彩时根据对象先选固有色，固有色可以是一种色彩，也可以是两种或者三种组合色，比如童鞋是略带天蓝的色，假如马克笔够多，也可以选一只纯度更高的蓝，加点浅灰色，也可以再加很透的浅绿色，酒精性马克笔透色效果非常好。

其次是找暗部的色彩，再找与暗部相近的几个颜色，假如觉得色彩有点艳，暗部压不住，可以找类似明度的灰色。灰部与暗部色彩之后是挑选亮部的色彩，以浅蓝色为主，再加一只与暗部的灰有冷暖区别并且浅一些的灰色。

在针笔颜色的挑选上也是同样的原则，根据暗部的紫红色在亮部选用与之互补的黄色，互补色的运用可以让画面更加靓丽。但是中级阶段不建议过多使用互补色，因为会导致色彩偏花，华而不实。

在选好色彩之后，在草稿纸上进行黑、灰、白的色域排列，画上去后观察过渡是否舒服和合理。

具体绘制步骤如下：

①从暗部的明暗交界线开始画，区别不同的转折对于明暗交界线要有不同的表达方式，笔触要顺着形体走（图5-42）。

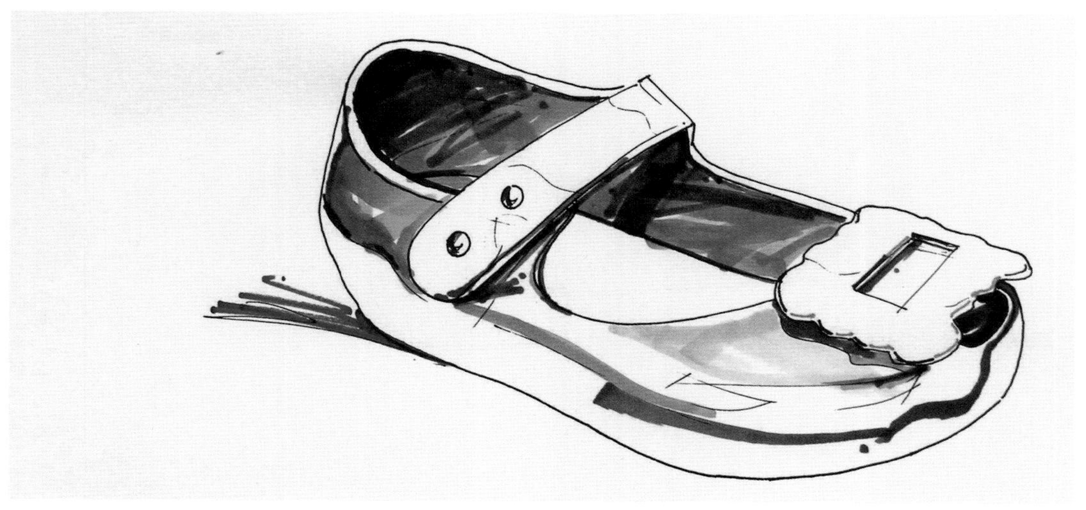

图5-42　画明暗交界线

②反光色彩要压低，纯度不能太跳，笔触相对要匀，与明暗交界线和固有色形成转折；光亮材质的亮部一定要亮，上色明度要谨慎，注意不同高光的形状（图5-43）。

③最后在细节的刻画上要注意画面的整体性和整洁度（图5-44）。

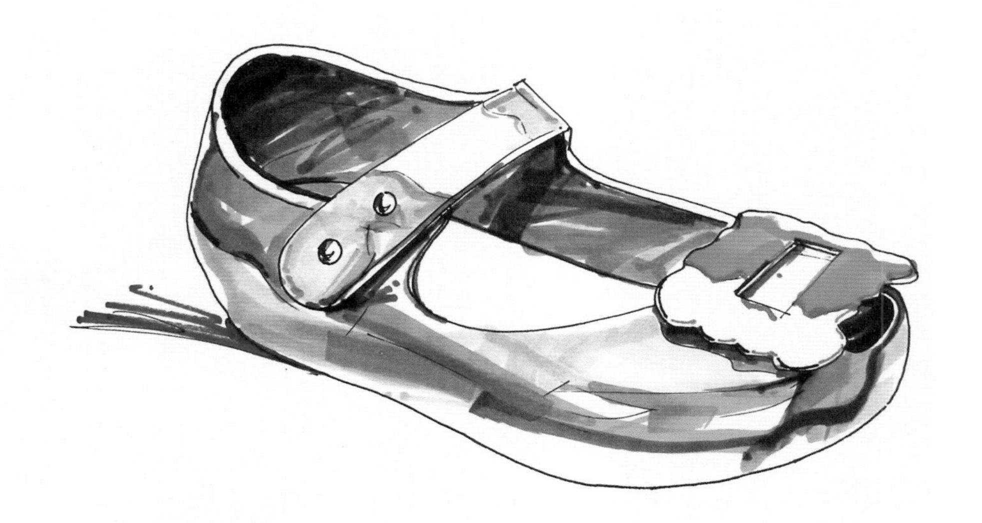

图5-43　上色

图5-44　童鞋马克笔表现

2. 慢勾线方式

慢勾线实际上就是小心、谨慎一点的勾线方式。用针管笔在原先的草稿上用心地勾描线条。

①慢勾线方式更严谨一些，画上缝线，其实就是款式图（图5-45）。

②考虑到细节较多，图5-46笔触较为含蓄，假如画法豪放可能画面会乱。

③最后给金属扣件上色后，加强鞋款的质感（图5-47）。

图5-45　款式图

图5-46　含蓄笔触

图5-47　凉鞋马克笔表现

3. 速写方式的运用

速写相对来说会随性一些，在勾线方式中的运用实际上是为了追求速度。在生产过程中，没有必要画得太仔细，能够让人一目了然即可。

①用速写的方式进行水笔勾线，注意线条的变化（图5-48）。

②色彩运用上可以把固有色和其他色彩在第一层色彩关系上拉开，再在后面的过程中融合（图5-49）。融合方法有两种：一是加入这两种色彩之间最接近的色彩，二是用这两种色彩彼此在对方区域快速画，以达到融合。

③颜色大体铺开后，将明暗关系区分开，以凸显质感（图5-50）。

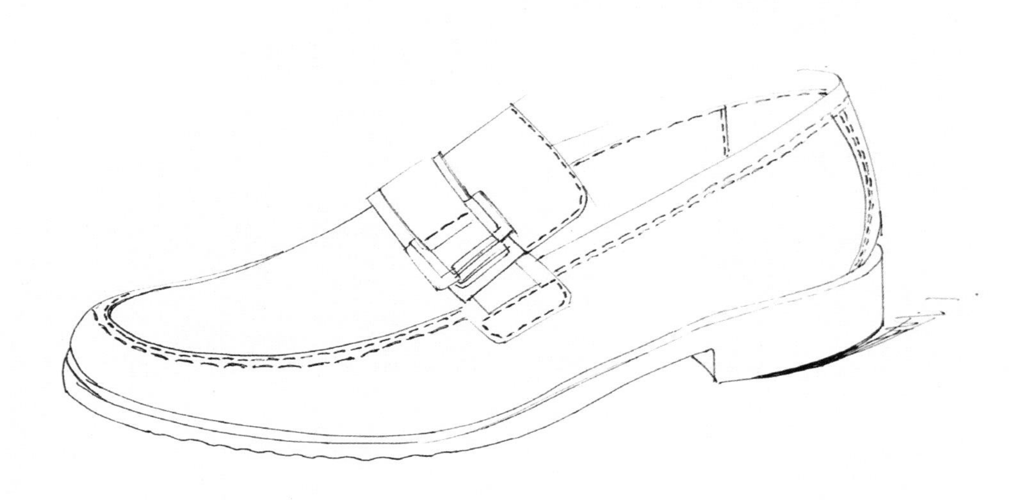

图5-48 水笔勾线

图5-49 铺色

图5-50　男皮鞋马克笔表现

4. 运用快线的方式

快线的运用显得随意，类似于一种草图，只要能够大致表达清楚设计的意图就可以了。快线只是一种随手记录灵感的方式。

①用快线的方式勾线，注意褶皱线条的松动性和结构线严谨性的区别（图5-51）。

②从暗部的边缘线和明暗交界线开始上色，注意横、竖向笔触的穿插（图5-52）。

③马克笔在向灰部渗透的时候要注意不同曲面的塑造，还有暗部反光的变化（图5-53）。

④最后的调整阶段重新回到线的塑造和帮面上色彩与明度上的融合（图5-54）。

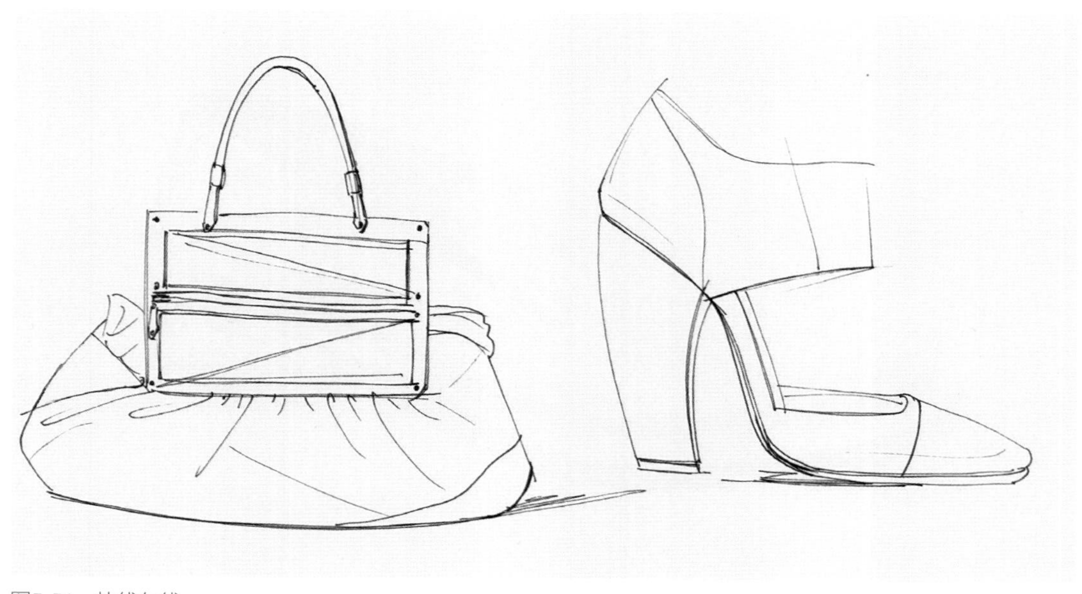

图5-51　快线勾线

图5-52　马克笔上色

图5-53　塑造曲面

图5-54　细节刻画

马克笔女鞋快速表达可扫二维码观看教学视频④和教学视频⑤。

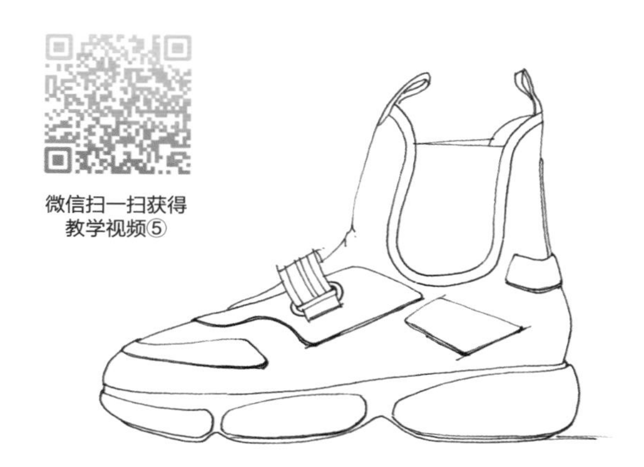

图5-55　马克笔女鞋快速表达

马克笔男鞋类快速表达可扫二维码观看教学视频⑥和视频教学⑦。

微信扫一扫获得
教学视频⑥

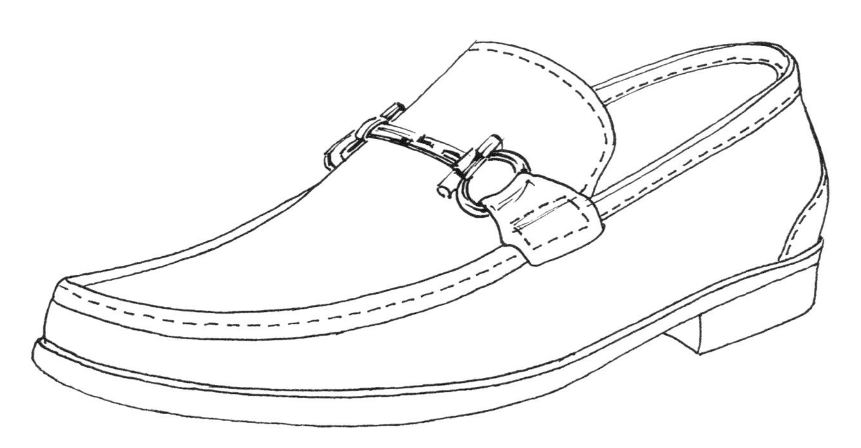

微信扫一扫获得
教学视频⑦

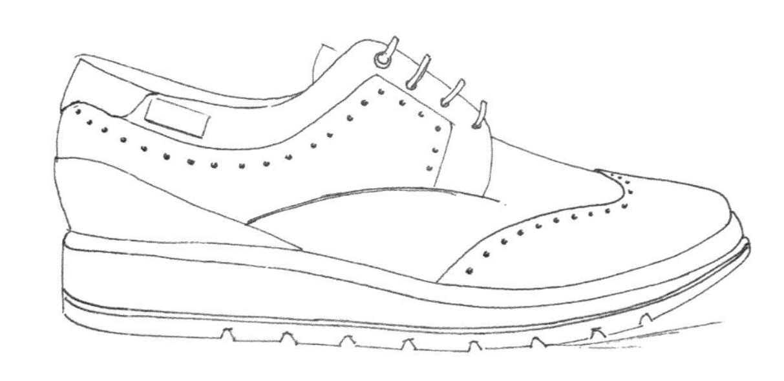

图5-56 马克笔男鞋快速表达

第六节　马克笔高级技法表现

马克笔高级技法在色彩的运用上更加富有变化，笔触的交接和重叠更加复杂，尤其是绘画的技法与色彩结构的处理。假如说初级技法表现是绘画功底和把所有所学技法的融合，中级技法表现讲的是如何巩固基础能力和如何完成画面的细节刻画，那么高级技法表现就是提升至意识层面的技法表现，它有它的特征、性格、习性。千万不要认为复杂的、细节多的就是高级技法表现。复杂只是表象，它可以掩盖很多画面的不足，看起来有表面的华丽，其实最难画的是简单的鞋，简单的只剩下寥寥几笔的笔触和色彩，但是却能表现最大的能量和内容，就像书法里面的“一”字那样。

1. 印花材质的表现

对印花材质的表现，画面的生动和写意方式都需要不断尝试和实践才能达到色彩、面料的高度契合。

如图5-57所示，融合保罗·加利的铅笔画法，用马克笔小头进行线条排列，画出印花的绿底，每组排线不要覆盖，笔触不能太统一，有疏密虚实变化。鞋头部位运用水粉画圆形物体的技法，注意光影的变化。笔触要注意与印花绿底的区别以及和谐，比如某几笔的排列要类似。

如果强调速度，那么可以用马克笔建筑风景画的整体观察法去观察（图5-58、图5-59），有时候在画鞋的时候不要把被画物体当作鞋，把鞋当作其他绘画形式和物体，你会发现有意想不到的效果，这就是绘画的意识层面。画得越多，看的作品越多，内心的画面感的选择性就越多，境界就越高。因为这种绘画方式需要一鼓作气，绘画过程间断后再去画，感觉就会差很多。

图5-57　融合保罗·加利铅笔画法的马克笔效果图（一）

图5-58　融合保罗·加利铅笔画法的马克笔效果图

图5-59　作品局部

2. 透明材质的表现

对于透明材质，要用较少的笔触来表现透明感，有时一笔画不好就会显得很突兀，它需要考虑形体、色彩、光的变化。

①对于透明材质的鞋，在勾线时一些反光的边缘线可以使用很细的0.05针管笔（图5-60）。

②开始上色时明暗交界线的卡位一定要准确，尤其是对于鞋底金属锡箔材质的线（图5-61）。

③最后阶段要区分PVC柔和的转折面及鞋底金属锡箔材质尖锐的转折面（图5-62）。

图5-60　PVC女鞋用针管笔画线稿

图5-61　上色

图5-62　PVC女鞋完成图

3. 编织材质的表现

夏季凉鞋经常会用到编织的材质，这种材料被很多设计师所喜爱，因为它很容易给鞋款带来视觉效果上的提升。掌握这种材料的表现方法也并不难。

①在勾线上要严谨，画出组合的来龙去脉，在后面的上色和深入阶段就会相对轻松，上色可以从投影开始，可以更加强化穿插关系（图5-63）。

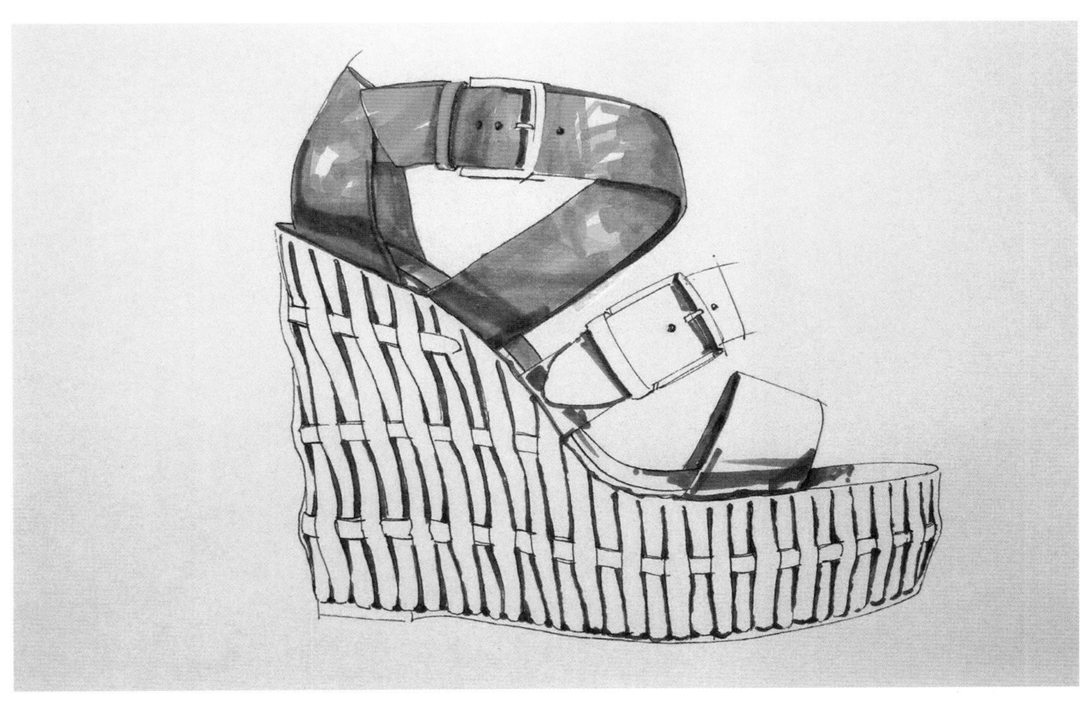

图5-63　编织女鞋鞋底勾线

②用褐色笔画出明暗关系，投影和暗部的色彩要有互补色的关系（图5-64）。

③继续刻画编织材质的细节，能够加强鞋款整体的质感（图5-65）。

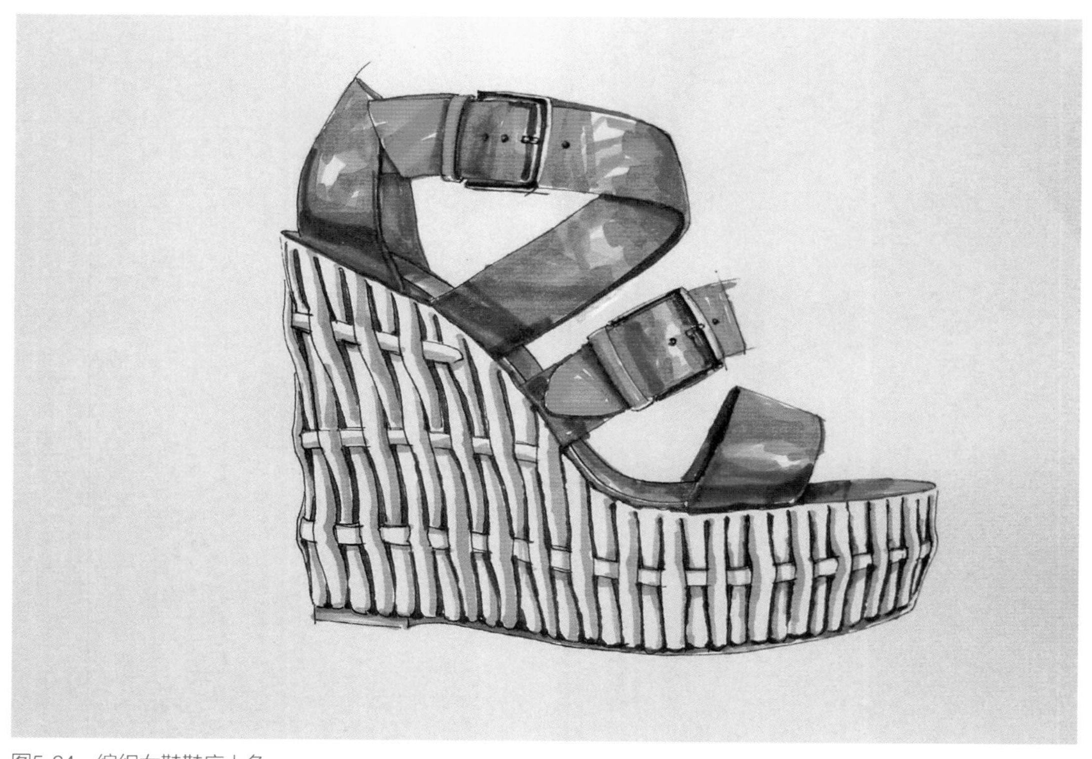

图5-64 编织女鞋鞋底上色

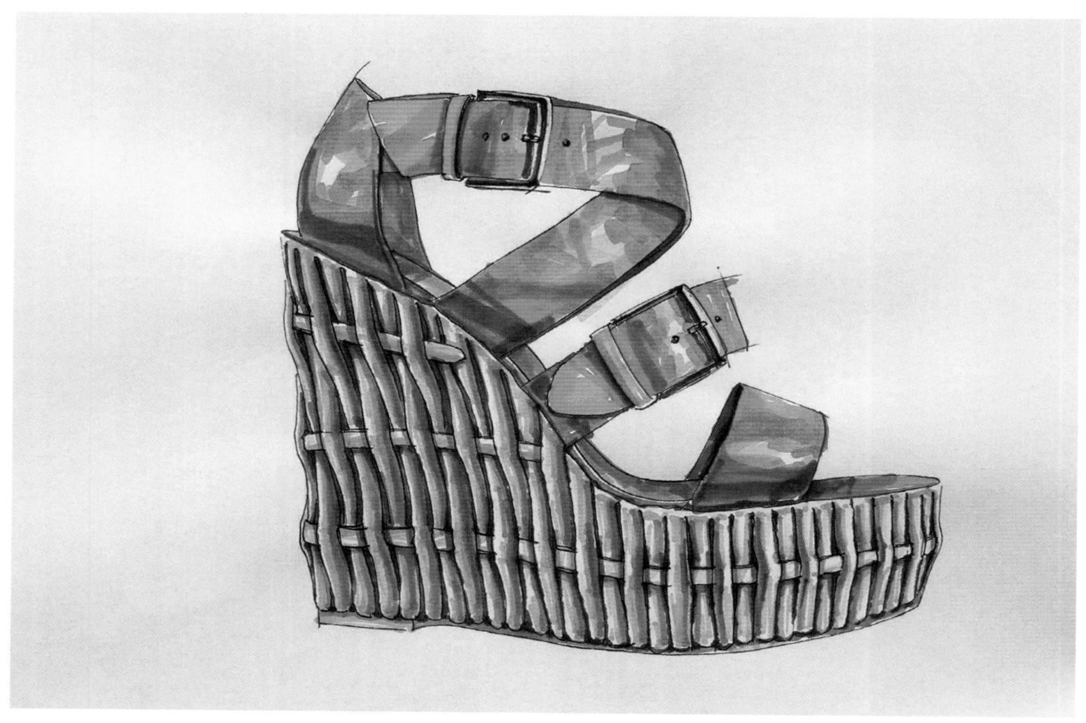

图5-65 编织鞋底女鞋的马克笔表现

4. 鳄鱼纹的表现

一些有规律的材质花纹的表现方法和鳄鱼纹的表现是同样的，因此笔者在此着重介绍一下鳄鱼纹的表现方法。鳄鱼皮是很多高档男鞋采用的皮料，其纹路的特征是有序但是不呆板，圆中带方，并且鳄鱼纹有大小过渡的分布，纹路随着鞋楦的形状走。还要注意鳄鱼纹之间的空间变化，近大远小，近实远虚，并且留意纹路之间的位置关系，尤其是鞋的边缘处的空间明显压缩时，附在上面的鳄鱼纹空间也要压缩。在画之前对这些情况都要考虑清楚，有目的性和针对性地解决画面所遇到的问题。当然，经验也非常重要，基本功好的人对这些问题基本不用多考虑，在下笔之前就已经心中有数。

①外轮廓用针管笔勾勒，要画得紧实；但为了鳄鱼纹的边缘线生动、活络，不可使用针管笔，而是采用黑色彩铅（图5-66）。

②上色时先从明暗交界线入手，用切线的方式来画，所谓切线方式就是用马克笔大头侧面来画，马克笔倾斜角度越大，画出来的线条越细，同时可以配合使用马克笔的小头。所有马克笔上色的线条和面都要顺着形体走，在线的排列方式上，讲究一组一组地排列，一组线形成一个小面，不同的小面形成一个略大的面，不同的略大面又进行排列形成再大一些的面（图5-67），依此类推。对于色彩，用明度较暗的色彩来组合，可以是蓝+红、蓝+褐、蓝+橘红，总之，无论用什么组合，色彩要沉稳，可以带点小跳跃的色彩；反光色彩要透，切不可多画，否则容易画腻。

③随着暗部色彩的形成，逐渐过渡到中间的色域，时刻保持素描的黑、灰、白三大面的呈现，色彩方面要注意环境色、固有色、光源色的营造，速写时要注意笔触的生动性、跳跃性和稳定性（图5-68）。

④加强黑、灰、白三大面，注意高光的纸面留白，暗部与灰部纸面的留白不要全部涂死，要有一定的透气性，这是为后面深入刻画阶段留有余地（图5-69）。但是一定要把必然的高光的纸面留白与偶然的暗部、灰部纸面的留白区分出来，前者是强，后者是弱，如果处理成一样的话画面会“花”。

图5-66　鳄鱼纹男鞋线稿

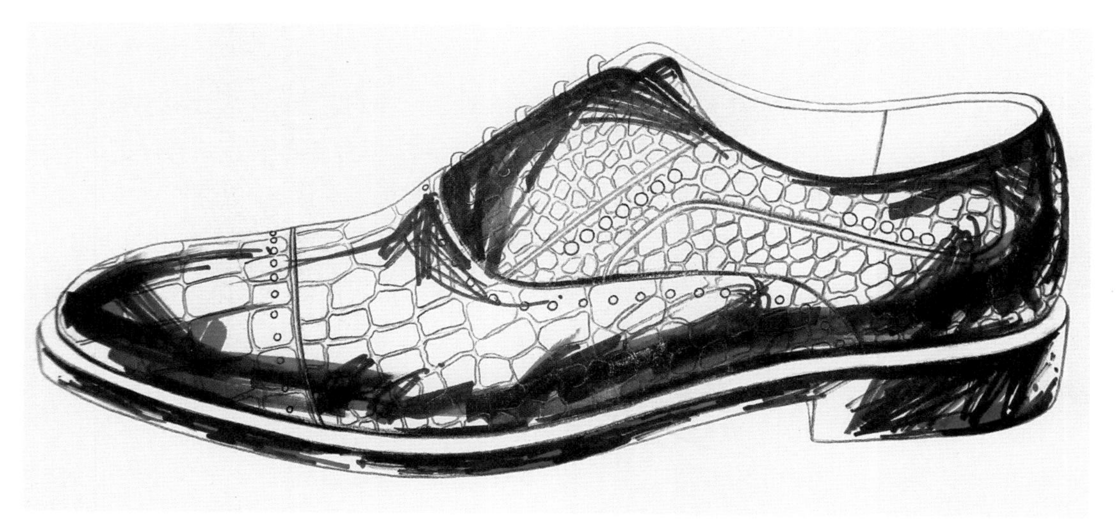

图5-67　鳄鱼纹男鞋上色

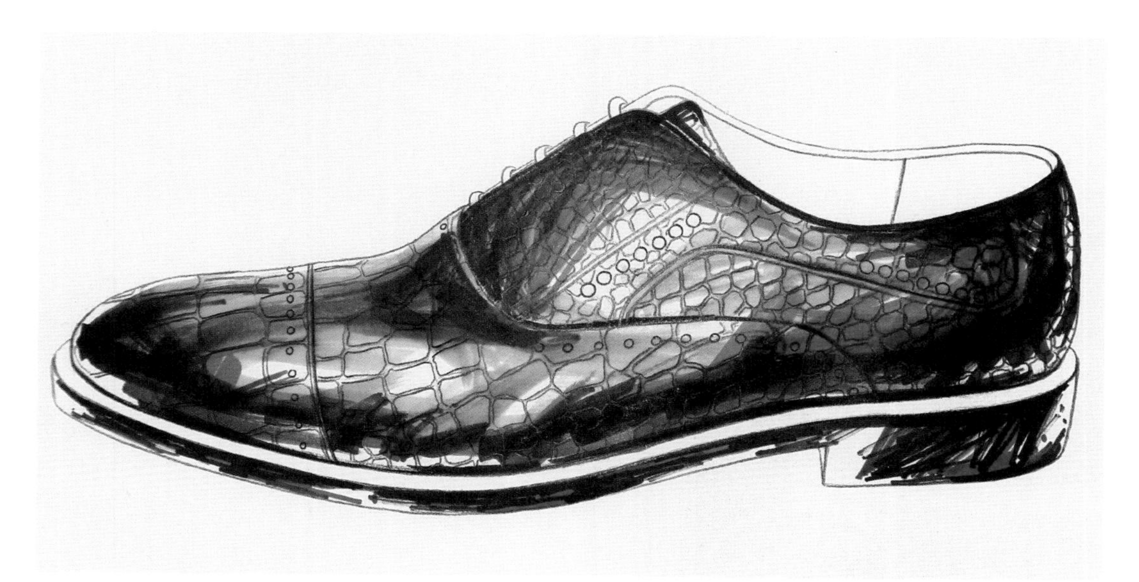

图5-68　鳄鱼纹男鞋细节刻画

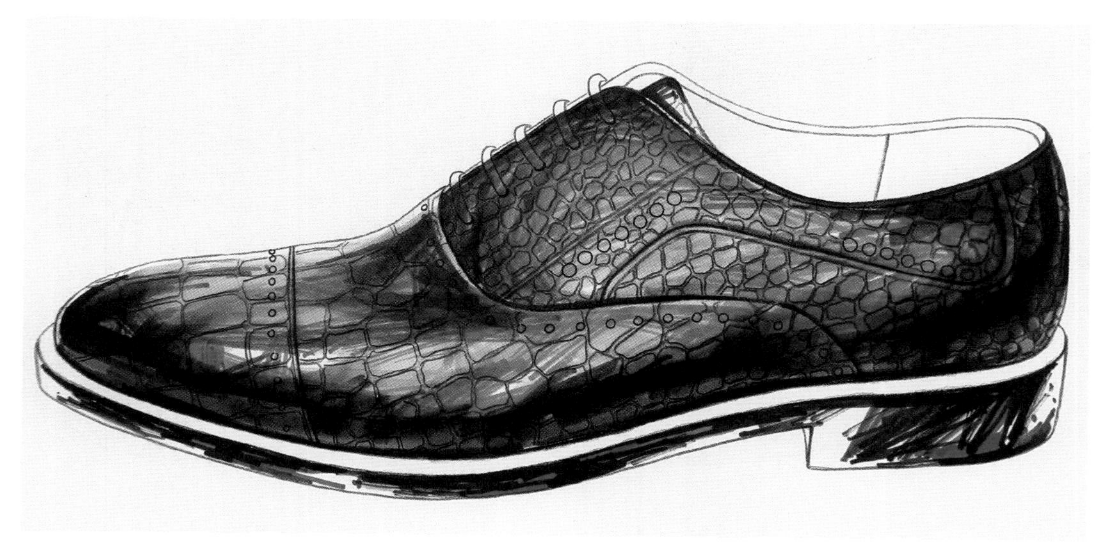

图5-69　鳄鱼纹男鞋细节深入

⑤用高光笔画出五金配饰，用马克笔小头和彩铅画出每块鳄鱼纹的明暗交界线，并做黑、灰、白三大面的处理（图5-70）。在画每一块鳄鱼纹的时候，一定要结合整体鞋的立体与明暗、前后左右的虚实变化，也就是局部一定要服从于整体，在处理关系上，大致是明暗交界线至灰部的区域笔触与细节要明显，目的是使画面有突出感，暗部的鳄鱼纹要透并且虚，不能让细节太模糊。

鳄鱼纹写实效果图与实物对比如图5-71所示，效果图局部如图5-72所示。

图5-70　高光表现

图5-71　效果图与实物对比

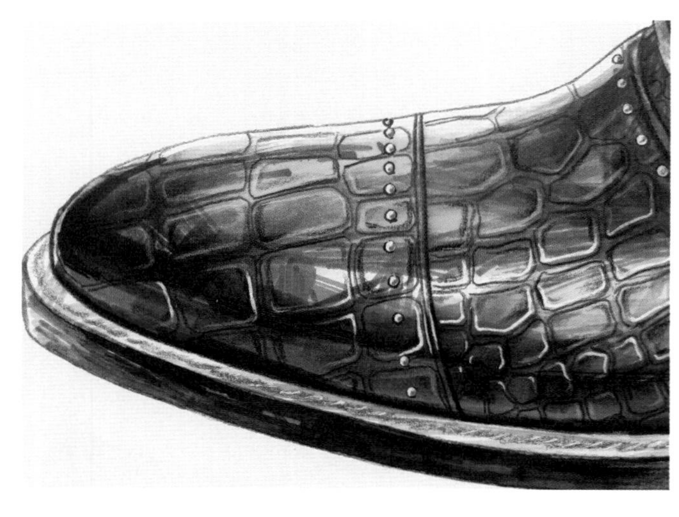

图5-72　细节展示

第七节　细节技法表现

1. 各种毛质的表现

在画各式毛之前，画者的触感和感触非常重要，需要一个从眼看到手触再到感受的过程。眼睛看到的首先是大局，看毛的形态与走向，再看毛的组合和光影，还有与鞋之间的关系，然后观察毛的细节，毛是卷曲的还是略卷起的，或是直的。

有了直观的了解，再去触摸、感受毛的光滑程度，有没有带点涩感，或轻重程度等，最后综合所有感受思考如何画，用彩铅+针管笔+马克笔的画法，还是再配合水粉厚画法来加强毛质的厚重感等。

首先画出大致的外形，根据毛的走势画出短的边缘线。柔软的毛质可以直接用彩色铅笔和0.05的樱花针管笔来画；硬朗的毛质用马克笔小笔头来画。画时要注意黑、白、灰三大面，即使不明显，三大面也要点到。

彩色铅笔不要用得太多，否则会导致后画的高光笔和针管笔因为太滑而画不上。假如毛很糙，可以把彩铅放倒了去“皴”，“皴”时尽量不要集中在一块区域，这样会导致毛的呆板和不透气，“皴”最好在最后阶段进行。

不同毛质材质的局部表现如图5-73至图5-75所示。

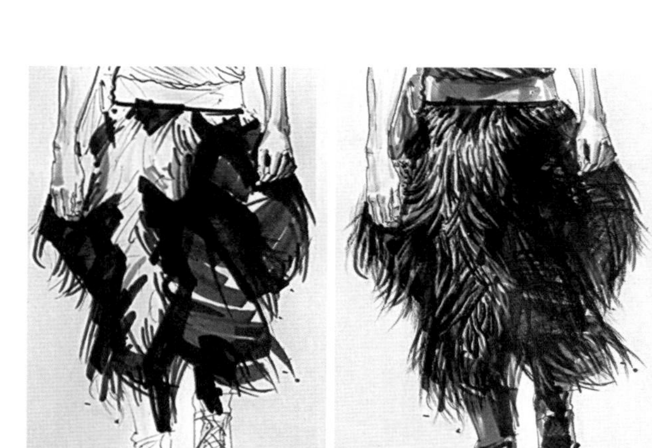

图5-73　毛质材质表现作品局部（一）

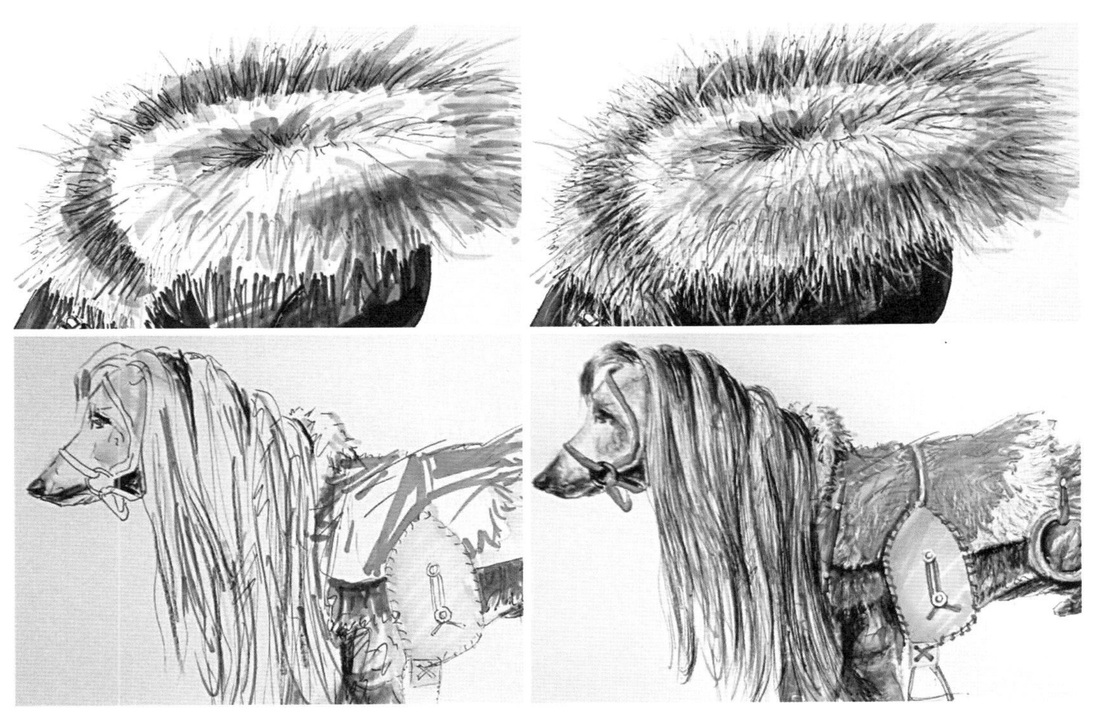

图5-74　毛质材质表现作品局部（二）

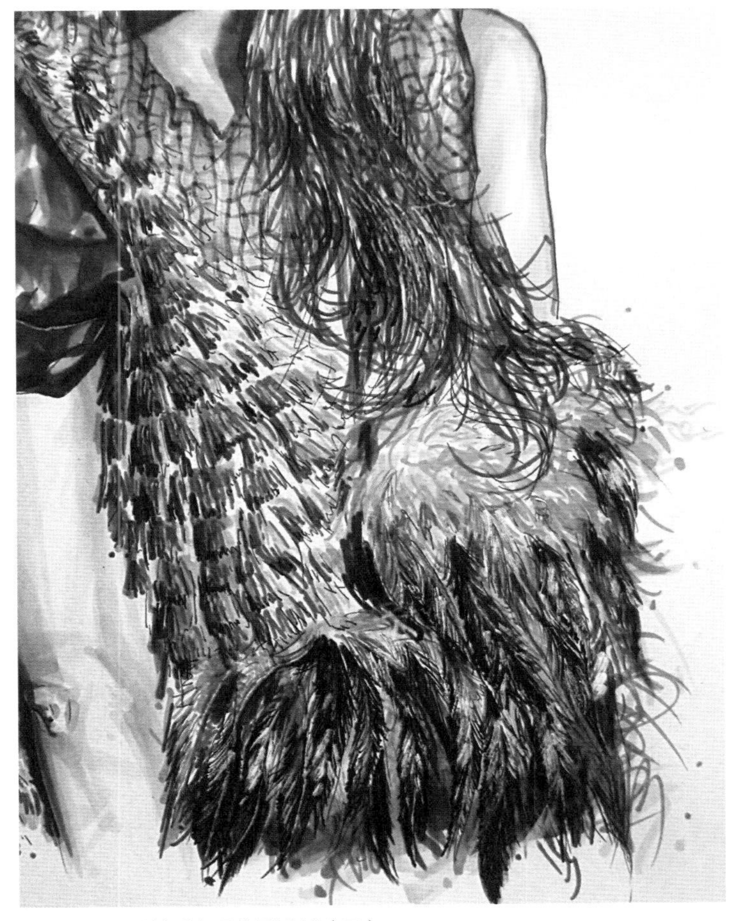

图5-75　毛质材质表现作品局部（三）

2. 各种金属材质的表现

用马克笔表现金属材质主要从材质光亮的程度和表面肌理展开。

（1）光亮程度的表现

在素描上，黑、灰、白三大面一定要区分得明显一些，反光区域要高灰亮，该区域可以出现小面积高光，理论上面积不能超过亮部和高光的区域，明暗交界线的处理要灵活，可以进行流水式的穿插，几条交界线交叉的点要进行重点卡位与强调，主要明暗交界线和辅明暗交界线主要把握疏密与节奏。

在色彩关系上，假如是固有色色彩纯度高的金属，它的暗部与亮部的色彩互补色一定要有所反差，比如类似金色高光亮金属，固有色呈现的是橘色+中黄色，暗部就是褐色+赭石色+紫色为主，相对于暗部就是紫色的互补色即柠檬黄色为主的亮部，那么亮部的柠檬黄色过渡到固有色（橘色+中黄色），需要加橘黄色；再相对于橘黄色，回到暗部色，再加点橘黄的互补色湖蓝色、天蓝色等，色彩就变得丰富起来。假如鞋配饰的金属体积较大，要把鞋的环境色画进去，起到丰富画面的作用。不同金属材质光亮的表现如图5-76所示。

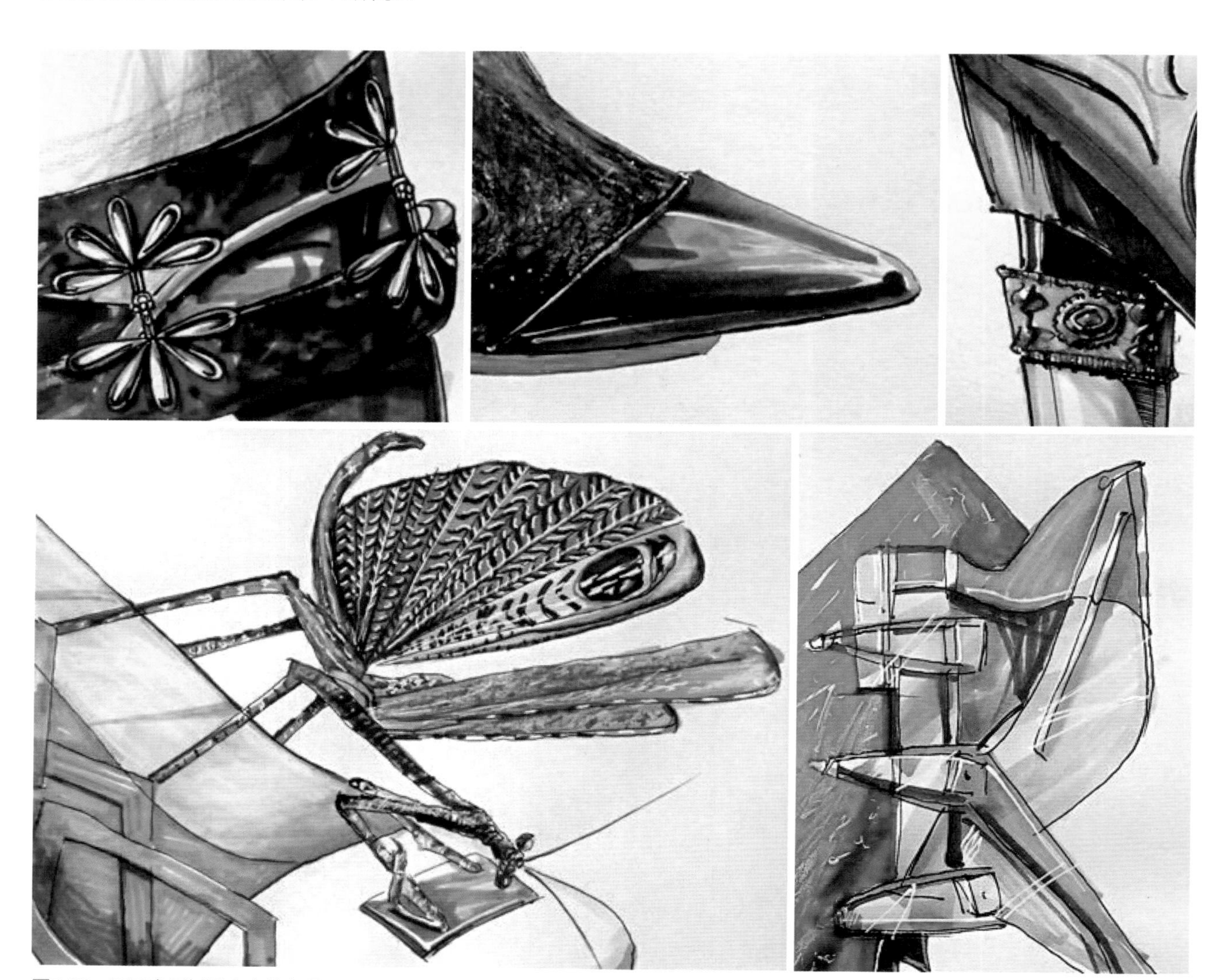

图5-76 不同金属材质光亮的表现

（2）表面肌理的表现

有两种表现方法。第一种是随着处理金属画面的递进同时处理，比如上漆的金属，经过基本光亮画面处理，最后的高光拉长后效果就能出来。第二种是后处理，画法和思路更清晰，本书重点介绍第二种。

先用马克笔画好金属的黑、灰、白三大面，考虑后面会加画肌理，所以留白要多一些，给予更大的画面余地。接着可以考虑使用针管笔或者彩铅，比如表现结构性的凹凸或者人为手工雕刻的图案就使用针管笔+高光笔，如果要呈现自然形态的肌理用彩铅比较合适。当然对于金属材质更要复杂一些，可以是马克笔为主+针管笔+高光笔+彩铅，但是彩铅必须在最后使用，如果在高光笔与针管笔之前使用彩铅，高光笔与针管笔将很难在彩铅腻滑的画面上绘图。

金属表面肌理的表现如图5-77所示。

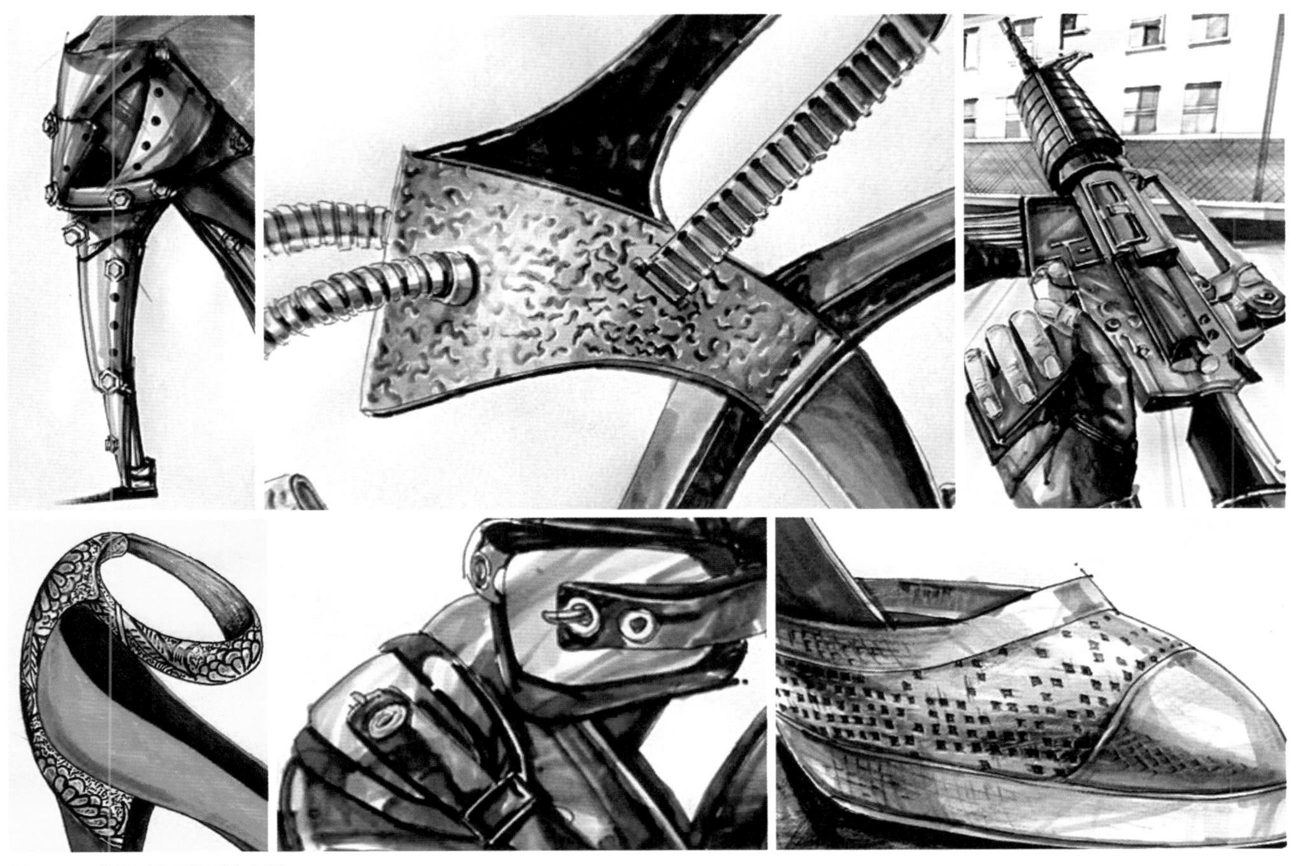

图5-77 金属表面肌理的表现

3. 其他材质的表现

（1）有金属光泽或反光质感强烈的材质

这种材质的表现类似于高光亮金属材质的表现。但是区别在于面料的柔韧性和柔软性，其实就是褶皱和表面的处理。

以图5-78鞋款为例，帮面褶皱较多。首先要梳理好褶皱的主次关系，细心观察主褶皱的来龙去脉。可以想象褶皱是树枝，由主干延伸出几根小的枝条，再由这几根枝条延伸出其他更小的枝条。所谓笔断意连，虽然褶皱之间不相连，但在整体上还是要有连接的感觉。在铺开面料纹路的时候，同时也要随着褶皱的形状画上纹路，褶皱强烈的地方如果影响到整体的美感时可以弱化，甚至忽略不画。活跃和明显的细节可以表现在灰部与主明暗交界线转折的面，暗部细节弱化、要透。

（2）人造面料

这种材质的表现相对比较复杂，首先要以平整面料的样式分析绘画由几层构成，用哪种笔法可以表达。最好在草稿上先尝试几种画法层叠的可能性然后再去画，还要考虑材料附在鞋楦上的构成情况。

图5-79中鞋的材料色彩以天蓝色为主，有一些随意的邻近色和明度接近的色彩做补充，还有一些相隔间距大又有点错落的突起的线条。默认左上角的光源会让所有的线条暗部出现在右下方，在左上方用白色彩铅提亮。画时要干脆利落，把彩铅笔头用力固定在纸面

图5-78　创意鞋款

图5-79　人造面料的表现方法

上，然后快速画出轨迹，这样用彩铅在蓝色马克笔背景上涂一层后再用针管笔区分明暗才会明显和显得有力道，而且和面料结合自然，而用高光笔提亮会显得突兀。鞋上的饰物用针管笔以松动、略带间距的笔触画出织物的感觉。

在画每根线条时，可以左边是固有色的线条，右边是固有色明度上加深的线条，这样有明、暗两个面，形成立体的状态。跟部用针管笔勾勒的白线实际上是与鞋面上的白线形成绘画语言的相互呼应，并且起到高光和强调转折面的作用。

（3）带木纹的材质

可用马克笔铺底，然后用高光笔提亮亮部，再用彩铅画出复古木纹的材质（图5-80）。

（4）复杂面料的表现

对于后期复杂再造褶皱的处理，首先处理好褶皱里面的经脉，假如时间允许在线稿阶段就理清这些关系。如果褶皱的来龙去脉和明暗在线稿阶段都已交代清楚，后期的马克笔上色就轻松很多（图5-81）。

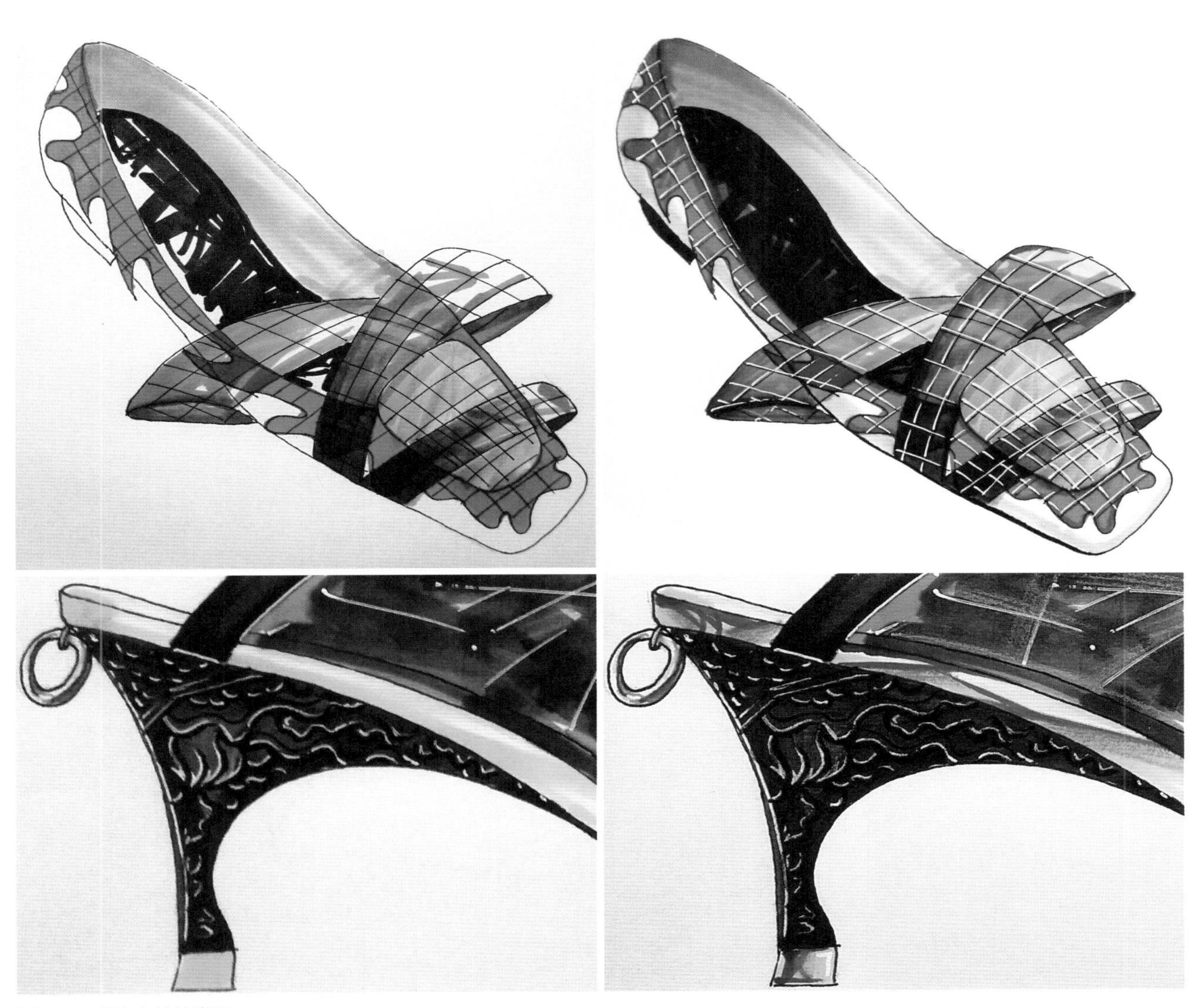

图5-80　复古木纹的表现

图5-81　刺绣和绣花面料的表现

在刺绣面料和绣花材质的表达上，可用针管笔或彩铅进行绘制，在画的过程中可以把每一笔的衔接当作每一针的绣法方式去画，如图5-82中的鸟，可以用略放松笔触的方式去“绣”，有些线条可以故意溢出，达到类似线头的效果，类似还有图5-82中的绣衣，用马克笔大头铺底色，小头画细节的底色，再用针管笔“绣”线条。在线条的组织上线条的表现功底尤其重要，通过线条的穿插达到和谐、自然的画面效果。

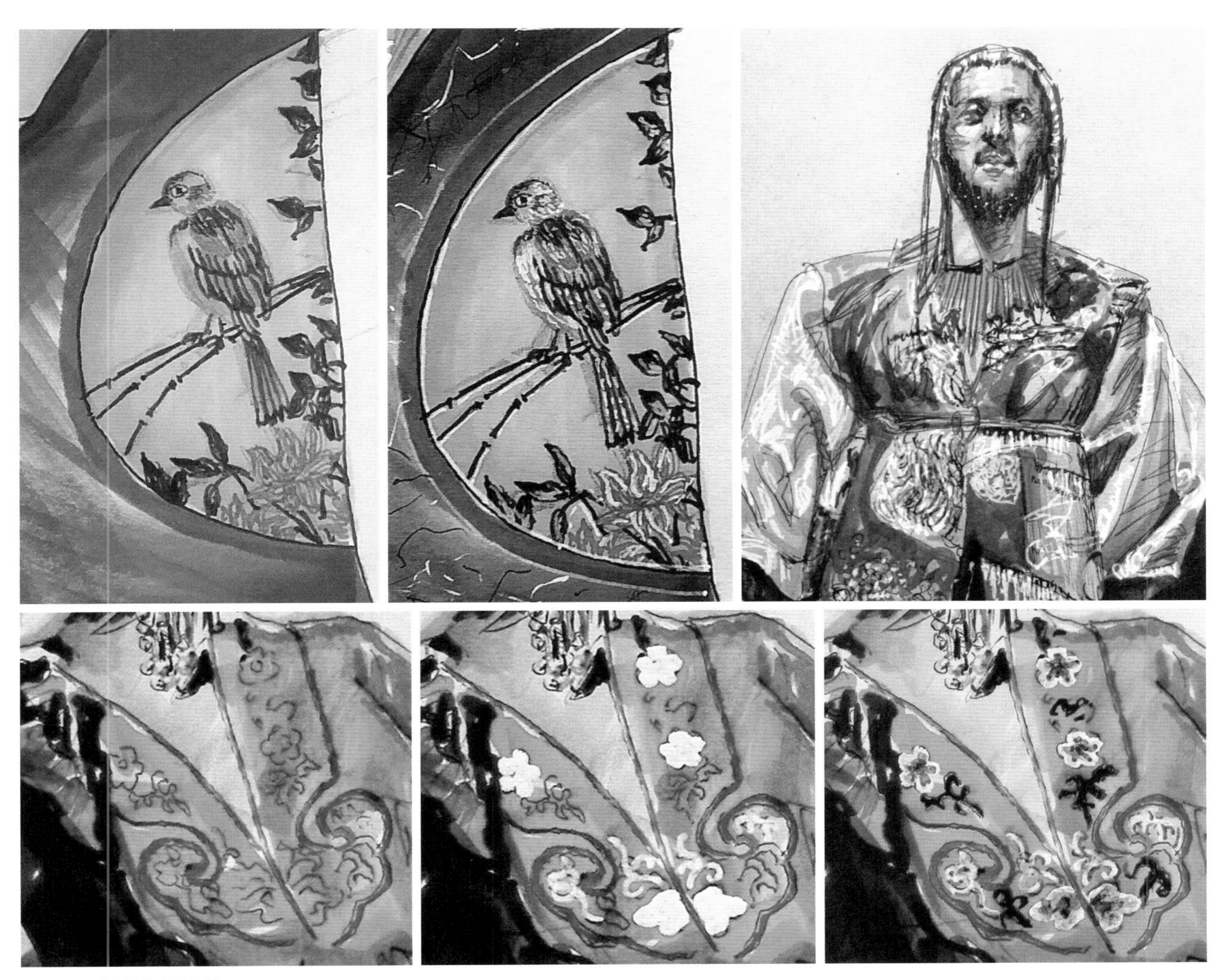

图5-82　绣花作品局部

对于底色较大的绣花元素，可以先忽略绣花区域，用马克笔大头铺满底色，再用高光笔或水粉颜料覆盖白色，注意覆盖花的边缘线不要画得太流畅，可以稍微有几个点“溢出”边缘线，以得到“绣”线条的感觉，要恰到好处，不然会显得粗糙（图5-83、图5-84）。

复杂材质面料的层次表现如图5-85所示。

图5-83 作品局部（一）

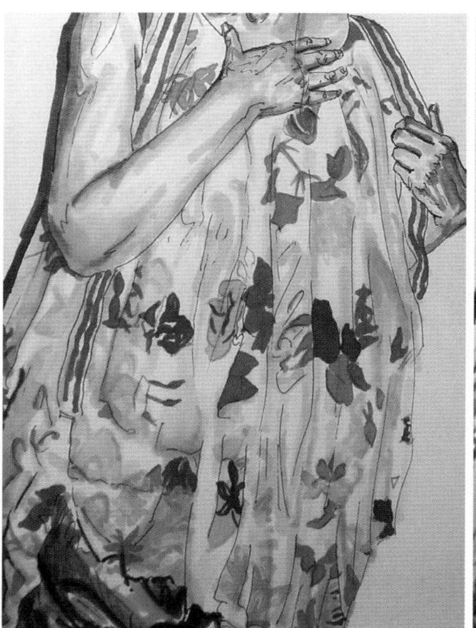

图5-84 作品局部（二）

图5-85　复杂材质面料的层次表现

4. 各种装饰件的表现

图5-86中鞋装饰件选用了小亮珠、烫钻、金属色亮片、迷彩二层革，可谓品种多样，靠大面积的黑色底色起到协调统一的作用。从开始的勾线就要注意区别，一些硬朗的结构线或者强烈的转折面用黑色水笔勾线，对一些透明的和反光强烈的装饰件可以用其他色彩的针管笔来勾线。

①先画一半黑色的底色，用不同的针管笔来勾勒金色亮片每块的形状，结合立体鞋形考虑色彩、素描关系，金色亮片是在一定的曲面之上的。

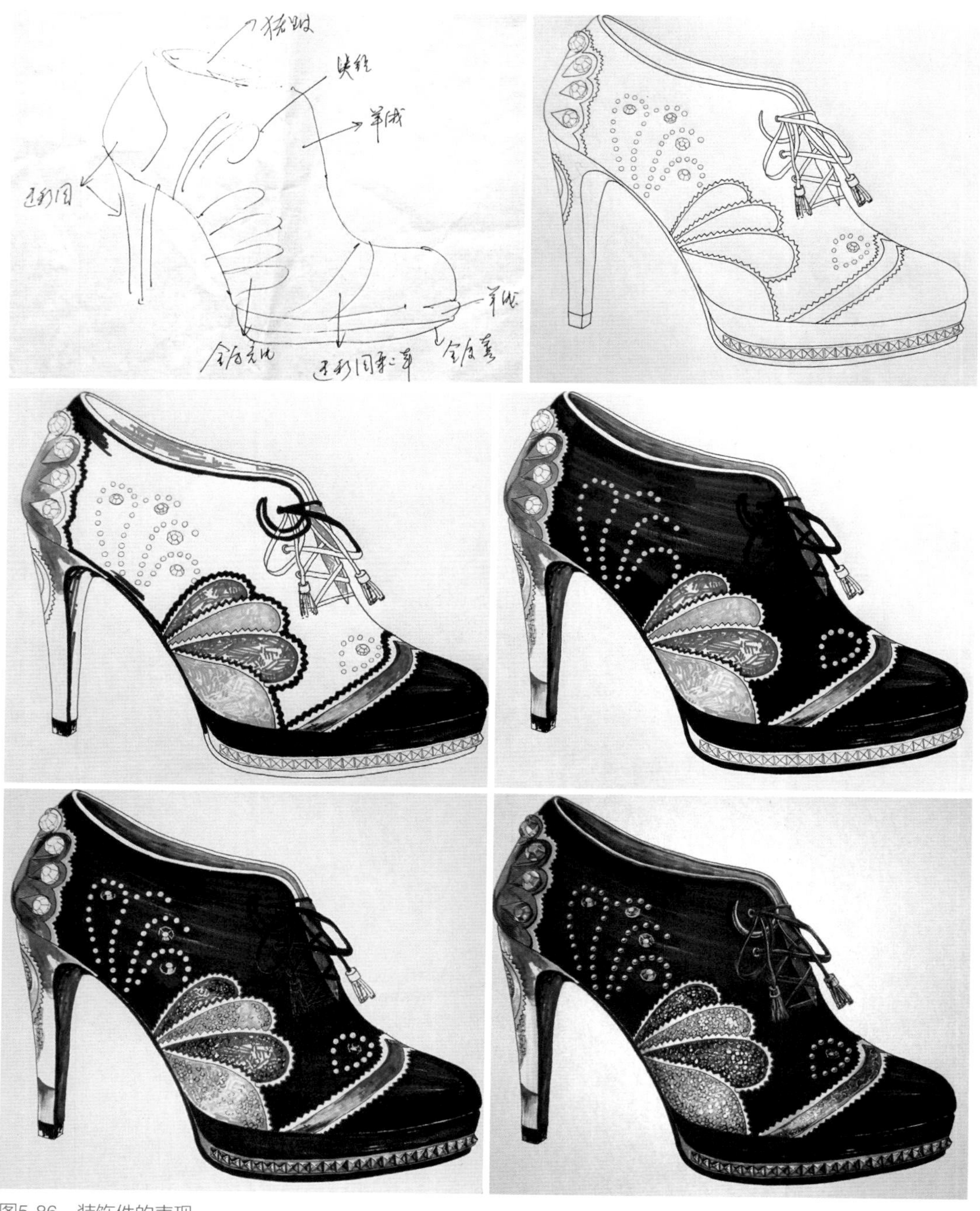

图5-86 装饰件的表现

②在黑色的底色画完后，可以一次性画迷彩二层材料，有时候一些精彩的细节不用去考虑一般意义上的整体画法——所有装饰件一并进行，整体画法是对的，但是有时候太过理性，反而不利于第一感受的表达，所以要以整体为依据，可以适当采用局部一次性画法。

③在这款鞋的表现上高光笔起到很多作用，比如黑底上的珍珠提亮，钻的高光和反光，亮片的窄面，迷彩二层材料的肌理白线等。在运用高光笔时也要注意区别每种材质的不同。效果图与实物对比如图5-87、图5-88所示。

图5-87　效果图与实物对比

图5-88　细节展示

任何复杂的形体无非是不同形体的大结构，然后是色彩变化的多样性和材质质感的区别，如图5-89中的三组装饰件。

图（a）基本形是五个花瓣的球体，色彩以白色为主，中间的花蕊也是球状的变异体，以紫罗兰为基本固有色，材质是小颗粒状和钻。

图（b）是多面体钻，先画黑色底色提出钻体，再从明暗交界线卡明暗，在明暗上过渡到反光，反光一定要亮，亮部面积要大。

图（c）是图（b）的复杂升级版，复杂性体现在面体更多，变化更复杂，一些面上要画出周边物体的环境色和物质，在高光上变化也要丰富，还有包括金属饰扣的厚度卡边要准确和硬朗，因为是金色金属，注意要区分开黑、灰、白三大面的色彩和明度。

配饰的画法基本上都大同小异，实际上鞋类饰扣在服装、珠宝上也有运用，只要掌握画法，就能一通百通。

图5-90中鞋头配饰景泰蓝的画法上要注意厚度白边的“留住”，在白边的旁边要有强烈的明暗交界线，水纹的样式要画出层次。具体画法是明度上层压层，下一层被压的边要有明暗过渡的阴影。

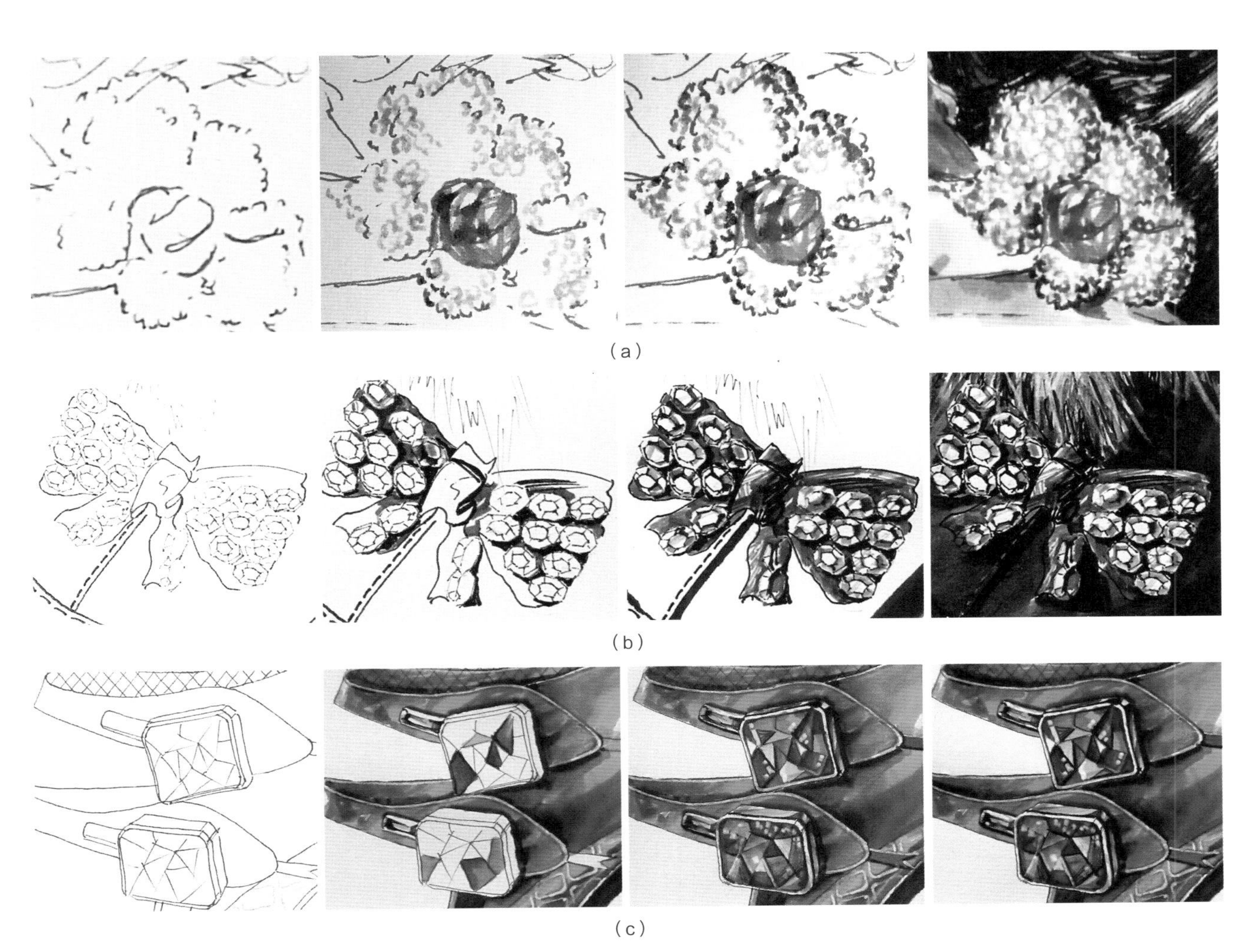

图5-89　不同形体装饰件的表现

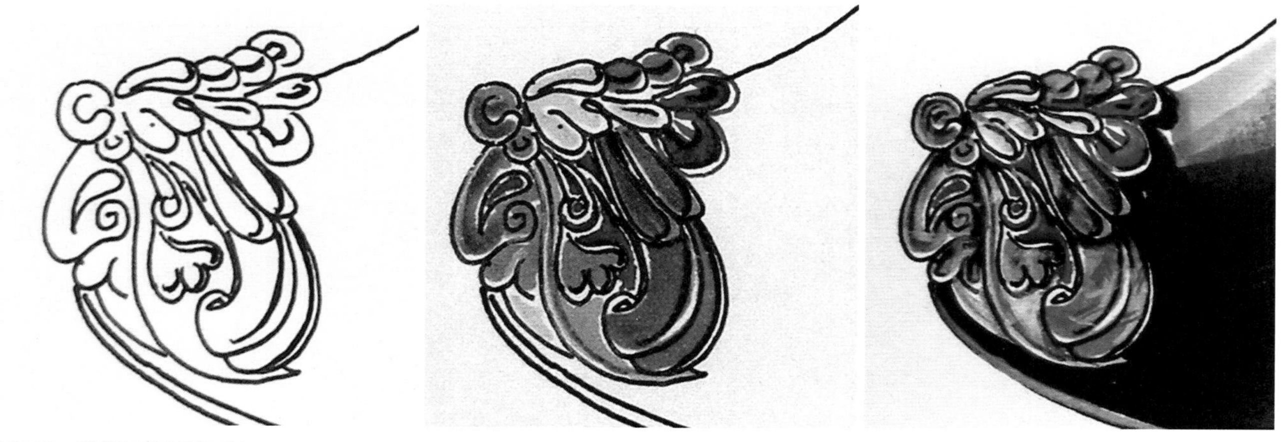

图5-90　鞋饰景泰蓝的画法

配饰并不难画，实际上就是解构，将一个整体分解成许多个小部分就可以画出效果，只需要注意光影的变化并且有耐心，多加练习即可，配饰效果图如图5-91、图5-92所示。

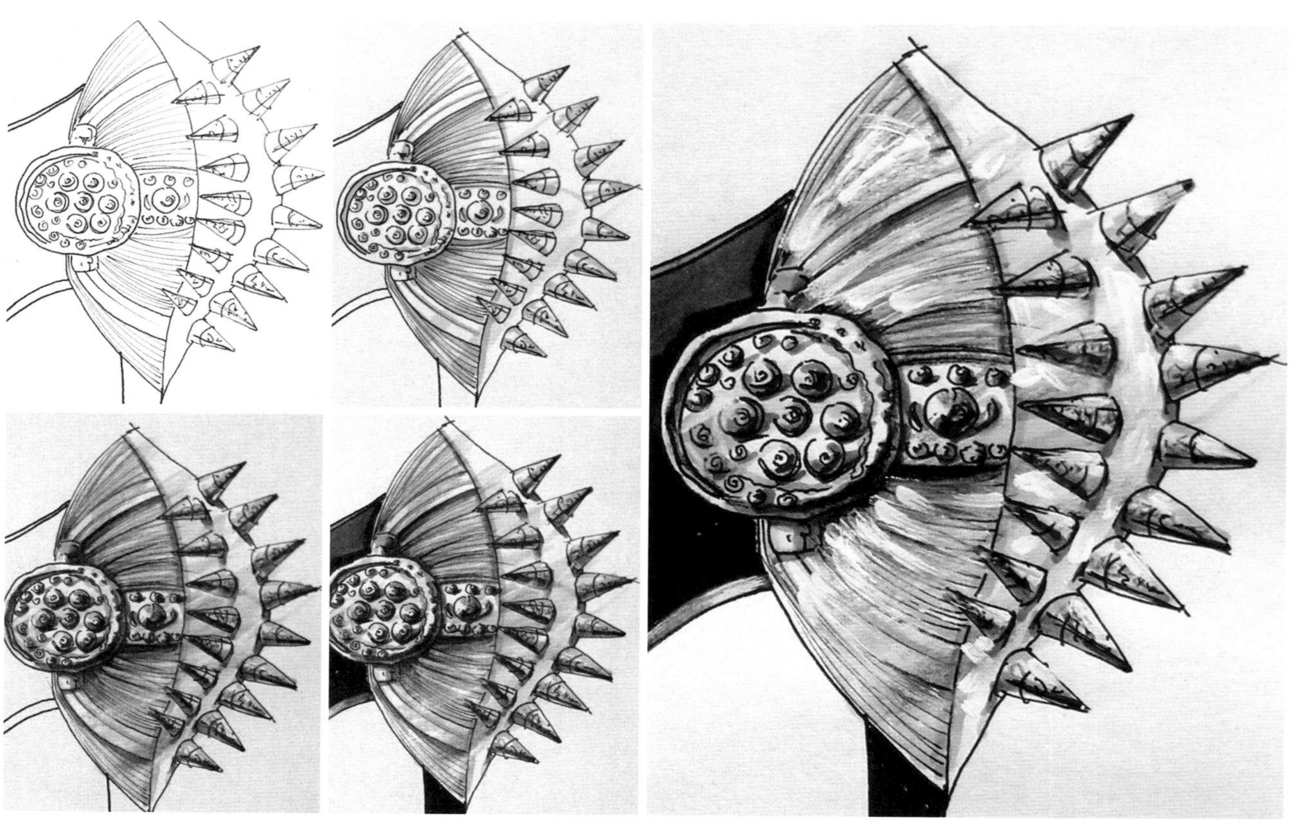

图5-91　配饰效果图（一）

图5-92　配饰效果图（二）

临摹与欣赏

微信扫一扫获得
教学视频⑧

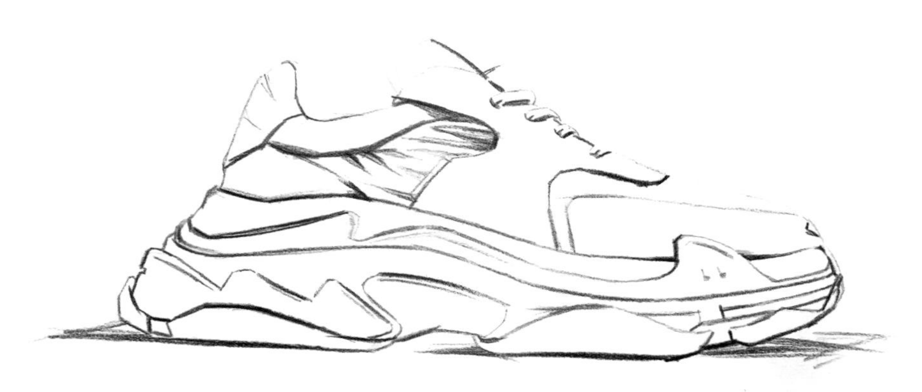

马克笔运动鞋效果图

马克笔饰扣女鞋效果图

《骑士风情》

马克笔男鞋效果图
（与康奈集团合作获得2012“真皮标志杯”中国鞋类设计大赛专业组金奖）

《青鸾》
（与康奈集团合作荣获2014“真皮标志·石门湾杯”中国鞋类大赛决赛专业组金奖）

《与蛇共舞》

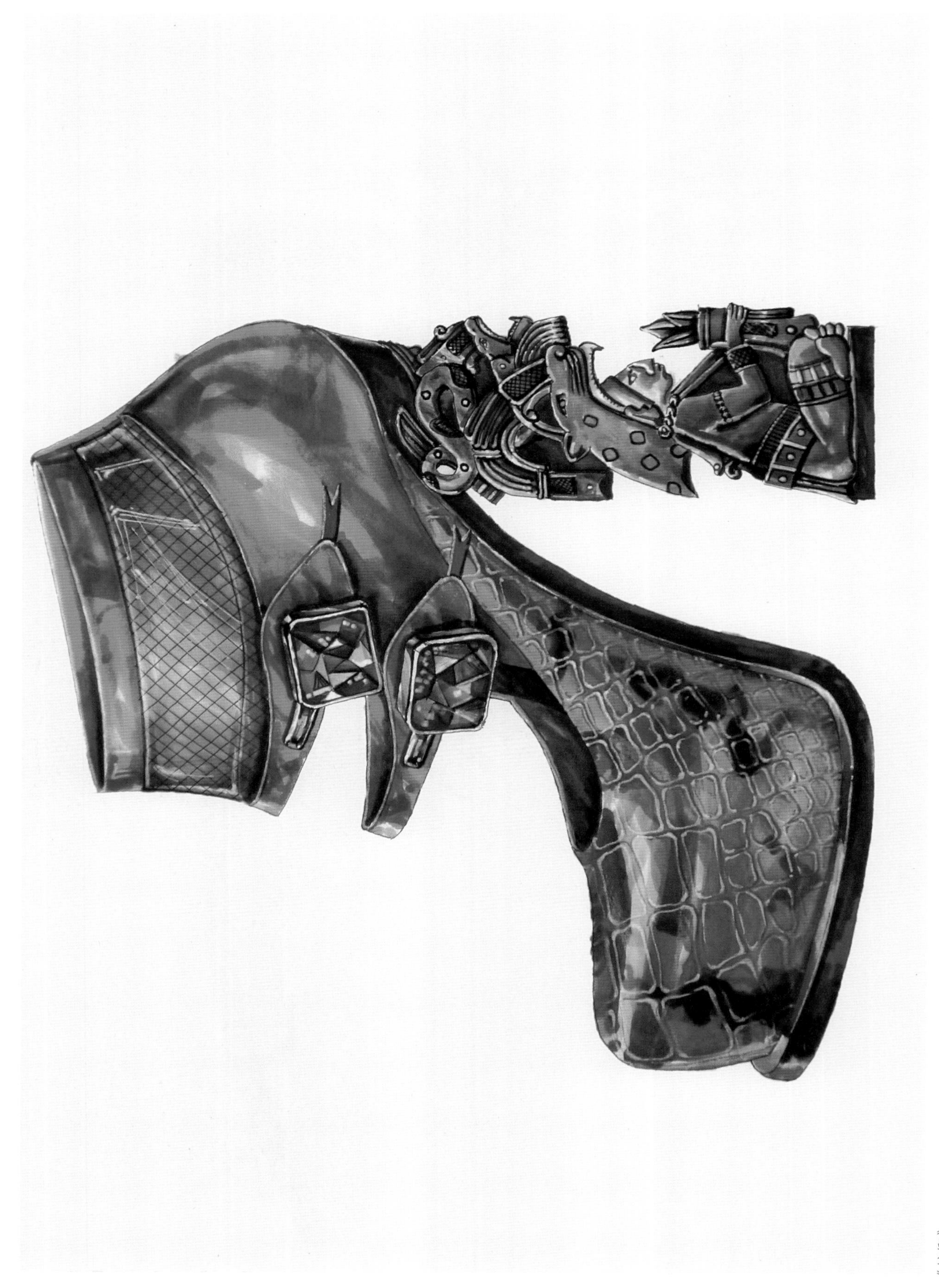

《信仰》

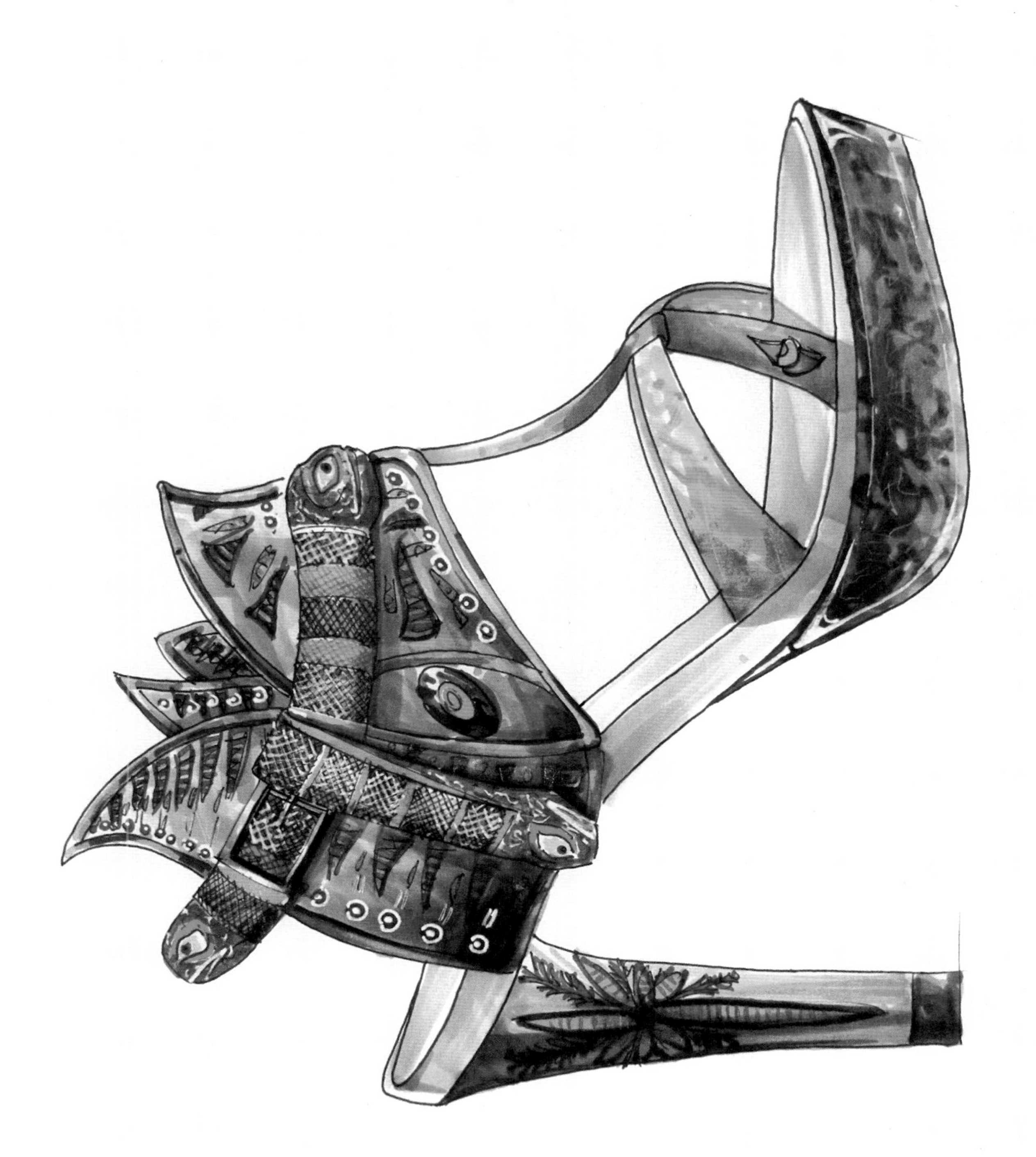

《部落》

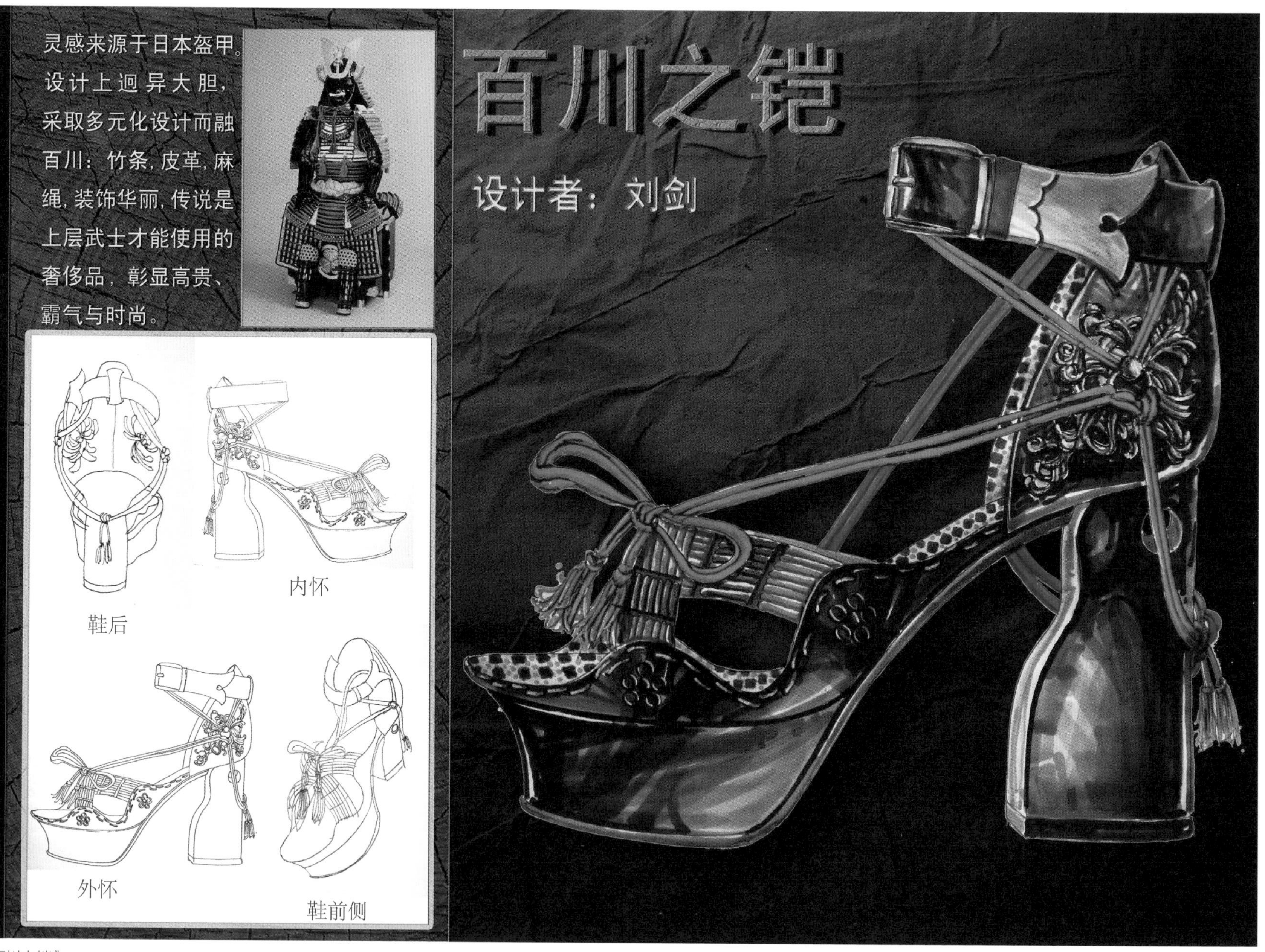
百川之铠
设计者：刘剑
灵感来源于日本盔甲。
设计上迥异大胆，
采取多元化设计而融
百川：竹条，皮革，麻
绳，装饰华丽，传说是
上层武士才能使用的
奢侈品，彰显高贵、
霸气与时尚。
鞋后
内怀
外怀
鞋前侧

《百川之铠》

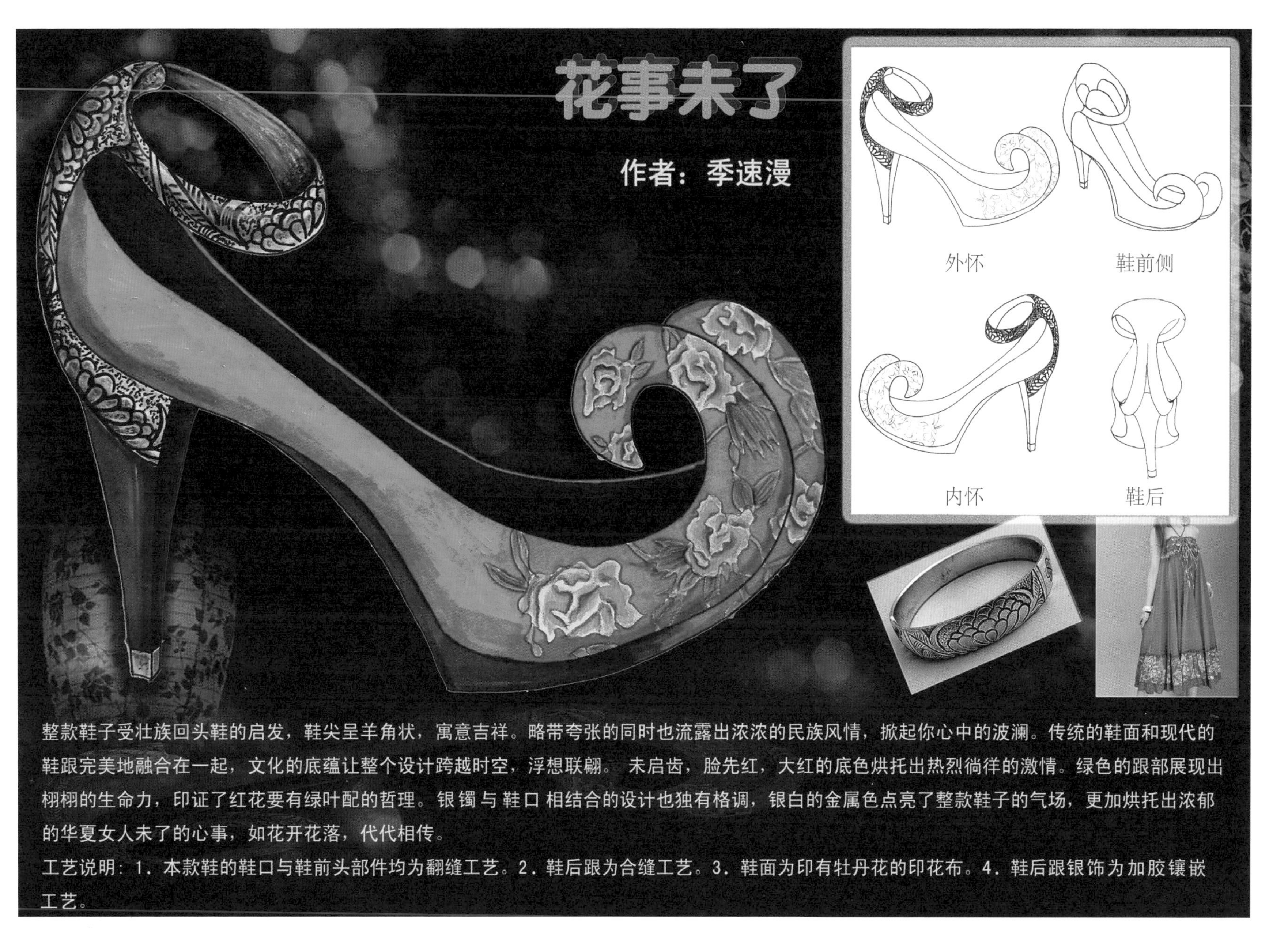
花事未了
作者：季速漫
外怀
鞋前侧
内怀
鞋后
整款鞋子受壮族回头鞋的启发，鞋尖呈羊角状，寓意吉祥。略带夸张的同时也流露出浓浓的民族风情，掀起你心中的波澜。传统的鞋面和现代的鞋跟完美地融合在一起，文化的底蕴让整个设计跨越时空，浮想联翩。 未启齿，脸先红，大红的底色烘托出热烈徜徉的激情。绿色的跟部展现出栩栩的生命力，印证了红花要有绿叶配的哲理。银镯与鞋口相结合的设计也独有格调，银白的金属色点亮了整款鞋子的气场，更加烘托出浓郁的华夏女人未了的心事，如花开花落，代代相传。
工艺说明：1．本款鞋的鞋口与鞋前头部件均为翻缝工艺。2．鞋后跟为合缝工艺。3．鞋面为印有牡丹花的印花布。4．鞋后跟银饰为加胶镶嵌工艺。

《花事未了》
（作者：季速漫）

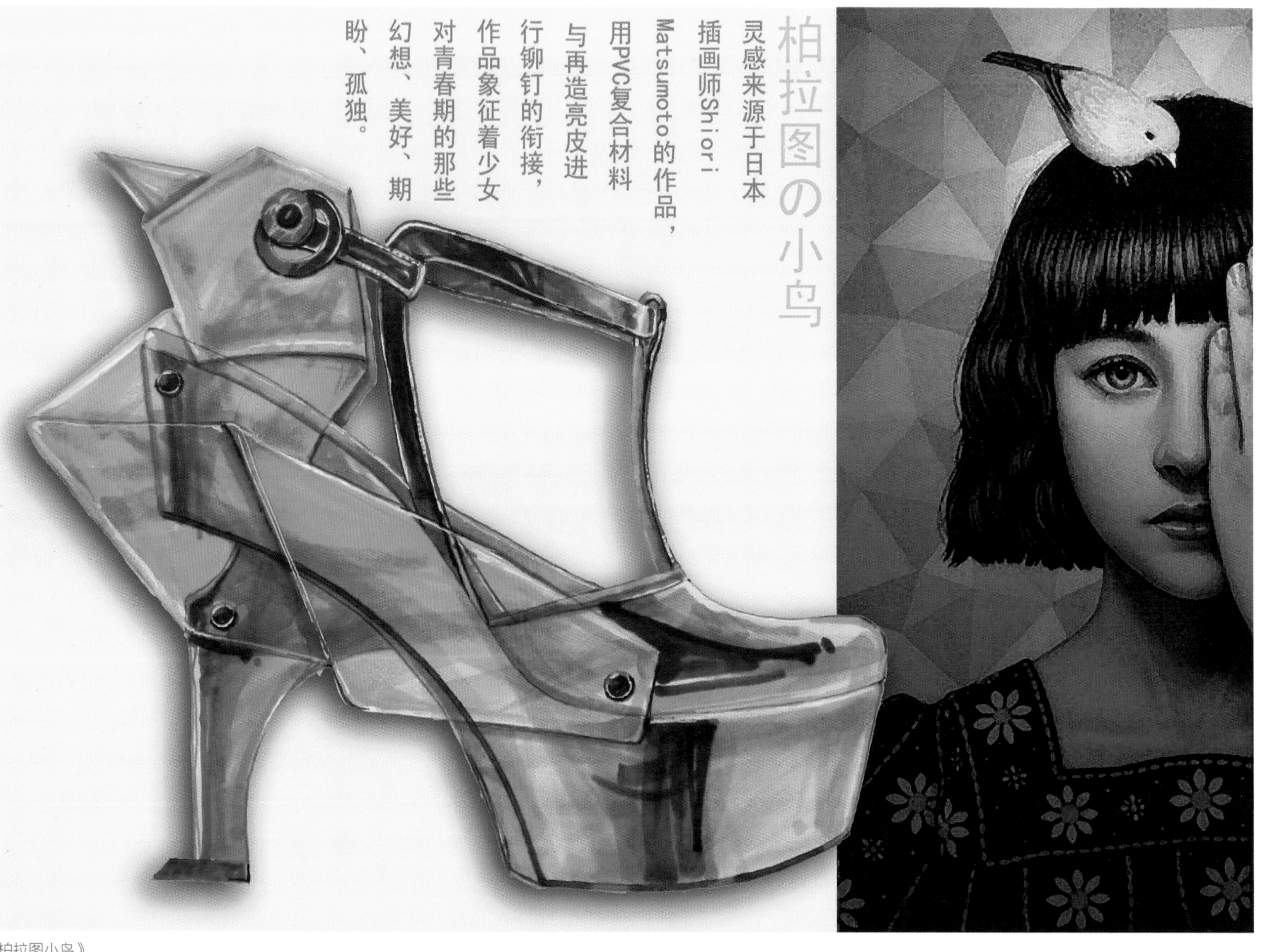
柏拉图の小鸟
灵感来源于日本
插画师Shiori
Matsumoto的作品，
用PVC复合材料
与再造亮皮进
行铆钉的衔接，
作品象征着少女
对青春期的那些
幻想、美好、期
盼、孤独。

《柏拉图小鸟》

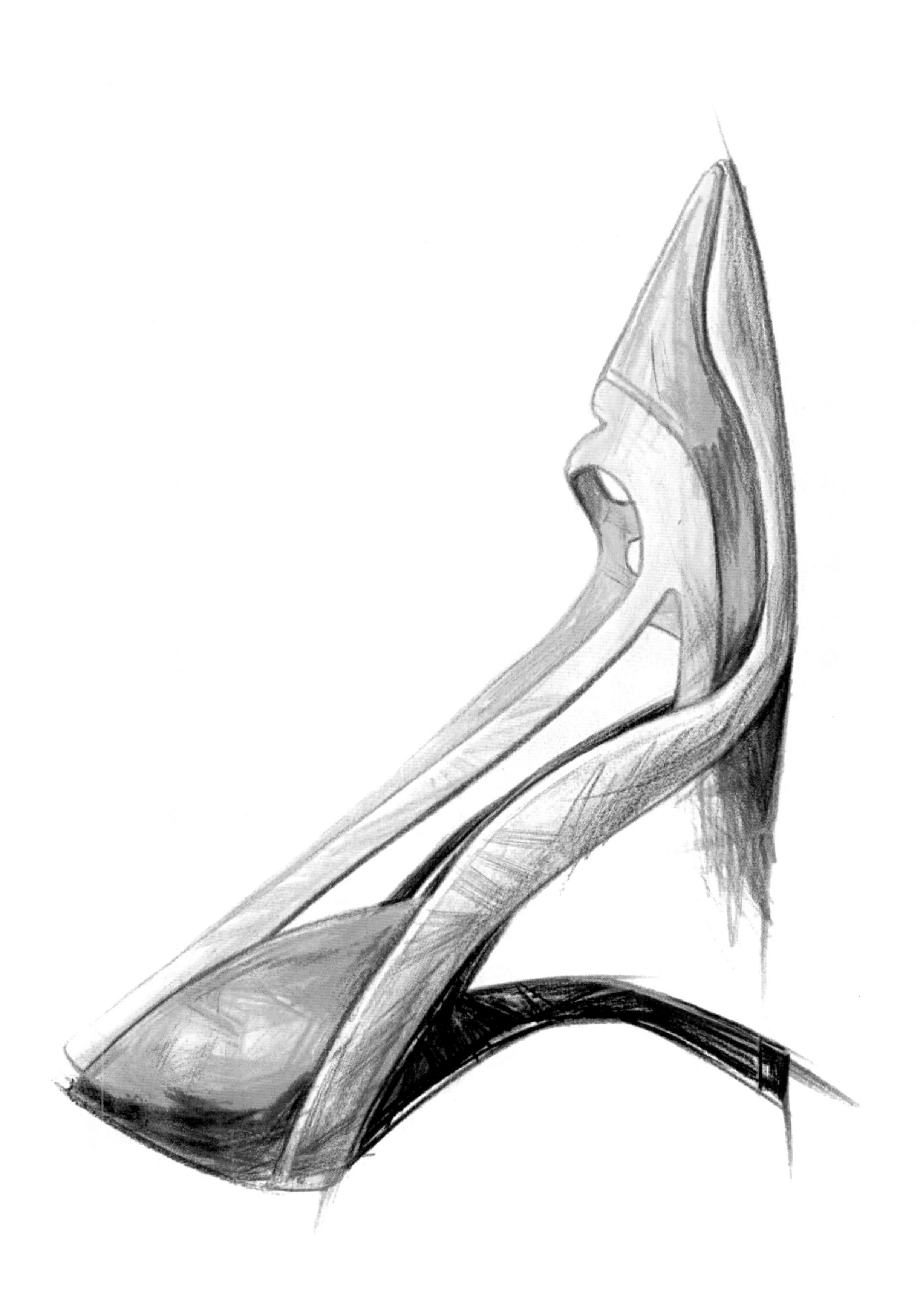

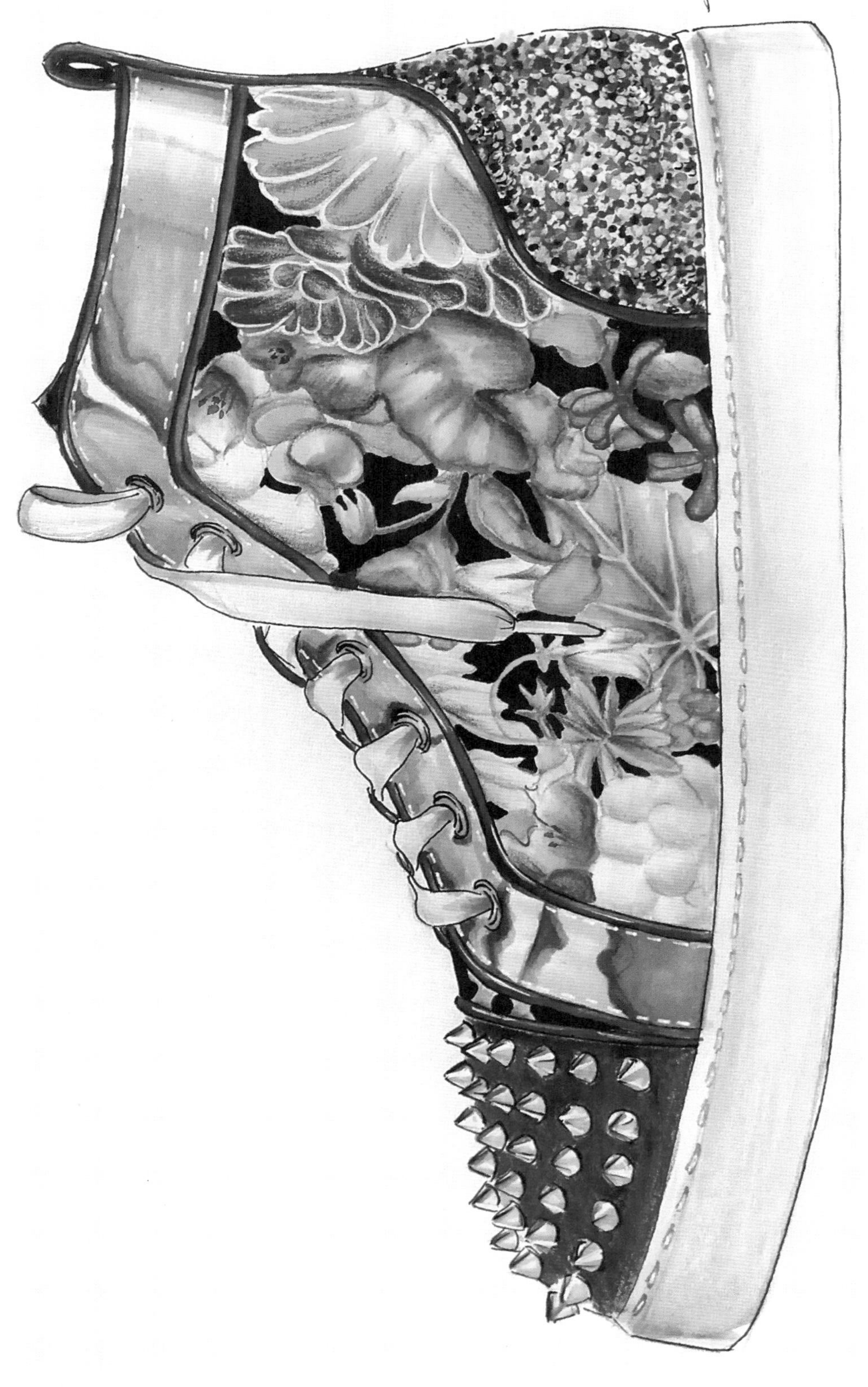

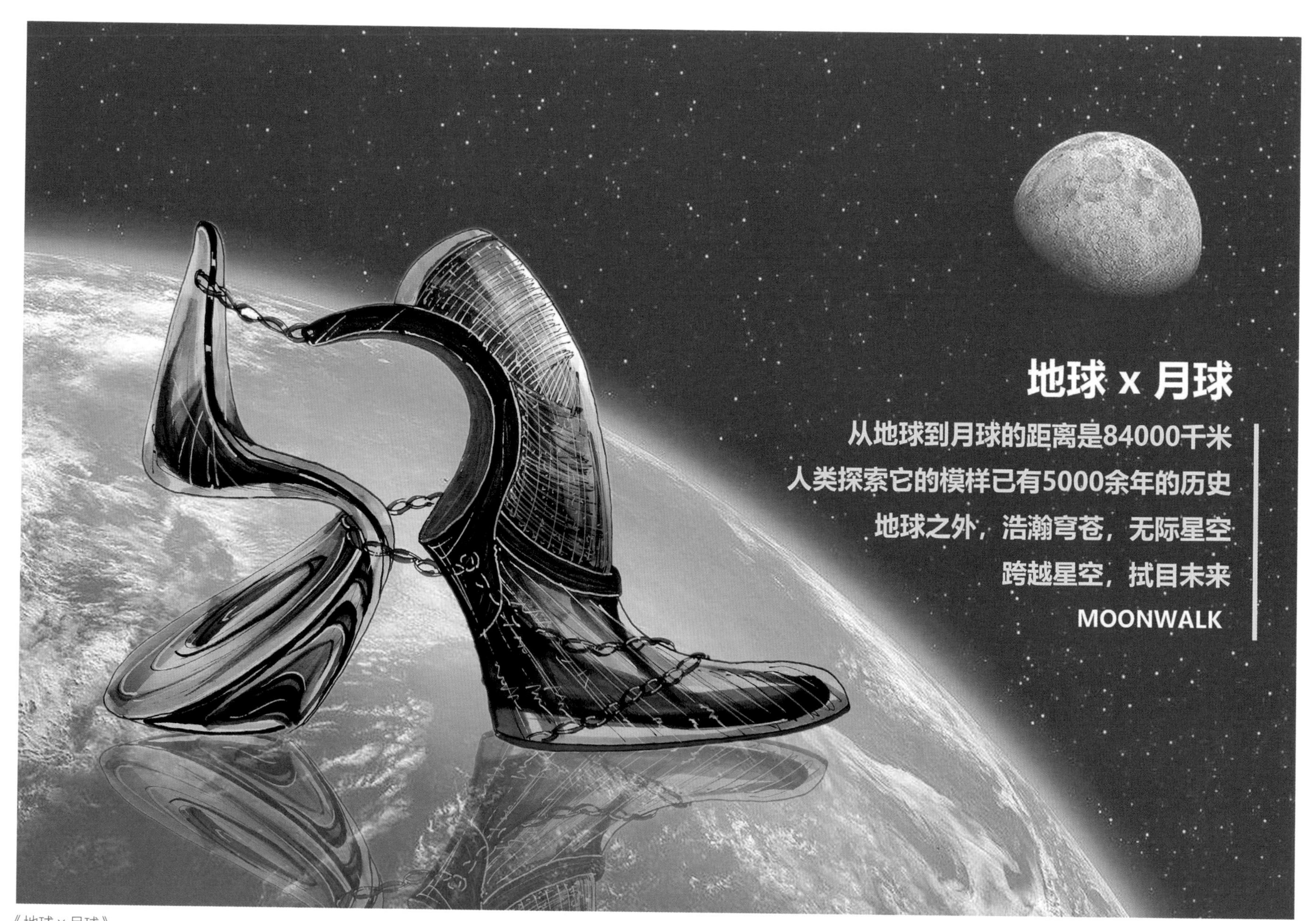

《地球×月球》
（作者：项依浩 指导：彭艳艳、刘剑）

《Dragon》
（2018“市长杯”工业设计大赛鞋类组获得银奖　作者：梁倜砜　指导：刘剑）

蓝夹缬其原染料是纯天然的靛青，无化学添加剂，因此对皮肤无刺激而且有淡淡的纯香。其图案花纹风格迥异，每幅花纹都有它的含义。但是这种技艺随着现代轻纺业和印染业的快速发展而逐渐退出历史舞台。

蓝夹缬

蓝夹缬始于秦汉，最后仅在浙南地区保存下来，以温州为中心。对我来说蓝夹缬最能代表瓯越神韵，所以我以推动夹缬技艺焕发生机为中心来进行创作，在设计方面用解构主义风格的造型和传统布料进行融合创新，希望能将“蓝夹缬”这种传统工艺以新的方式重新推向市场并且传承下去。

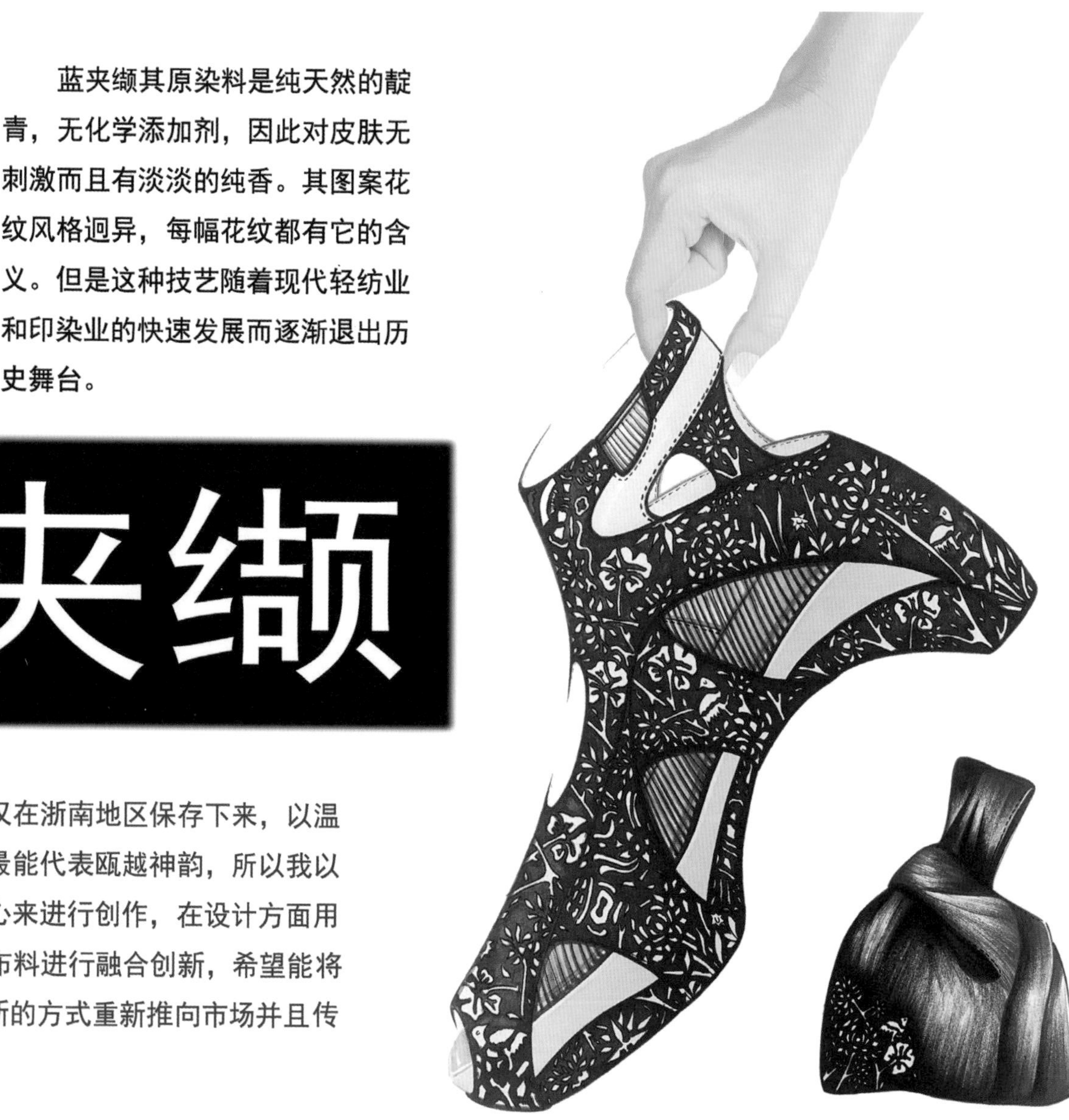

《蓝夹缬》
（作者：梁偶飒　指导：刘剑）

忆苍坡

灵感来源于两岸交流会中的一次永嘉之行。有幸与台湾同学参观了苍坡古村的古戏台，了解到温州的昆曲文化。借此毕业设计怀念下与台湾同胞在苍坡的那段美好时光。设计上在解构主义的造型中加入了传统戏曲的元素进行创作，配色取自左边苍坡古戏台门面上的戏曲人物。

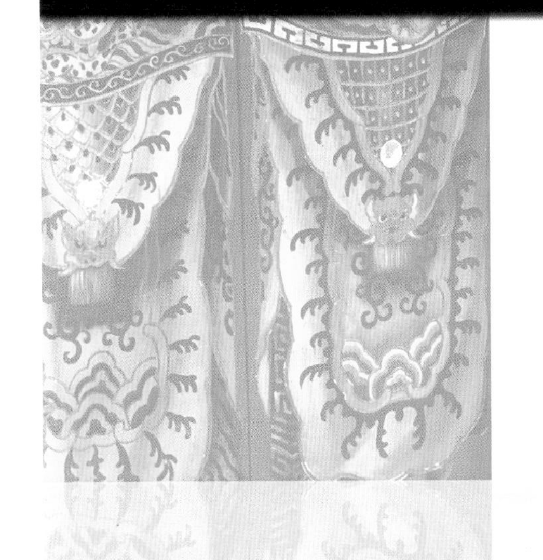

平川日丽嘉木秀

仁里风高俊彦多

——望兄亭

《忆苍坡》

（作者：梁倜飒　指导：刘剑）

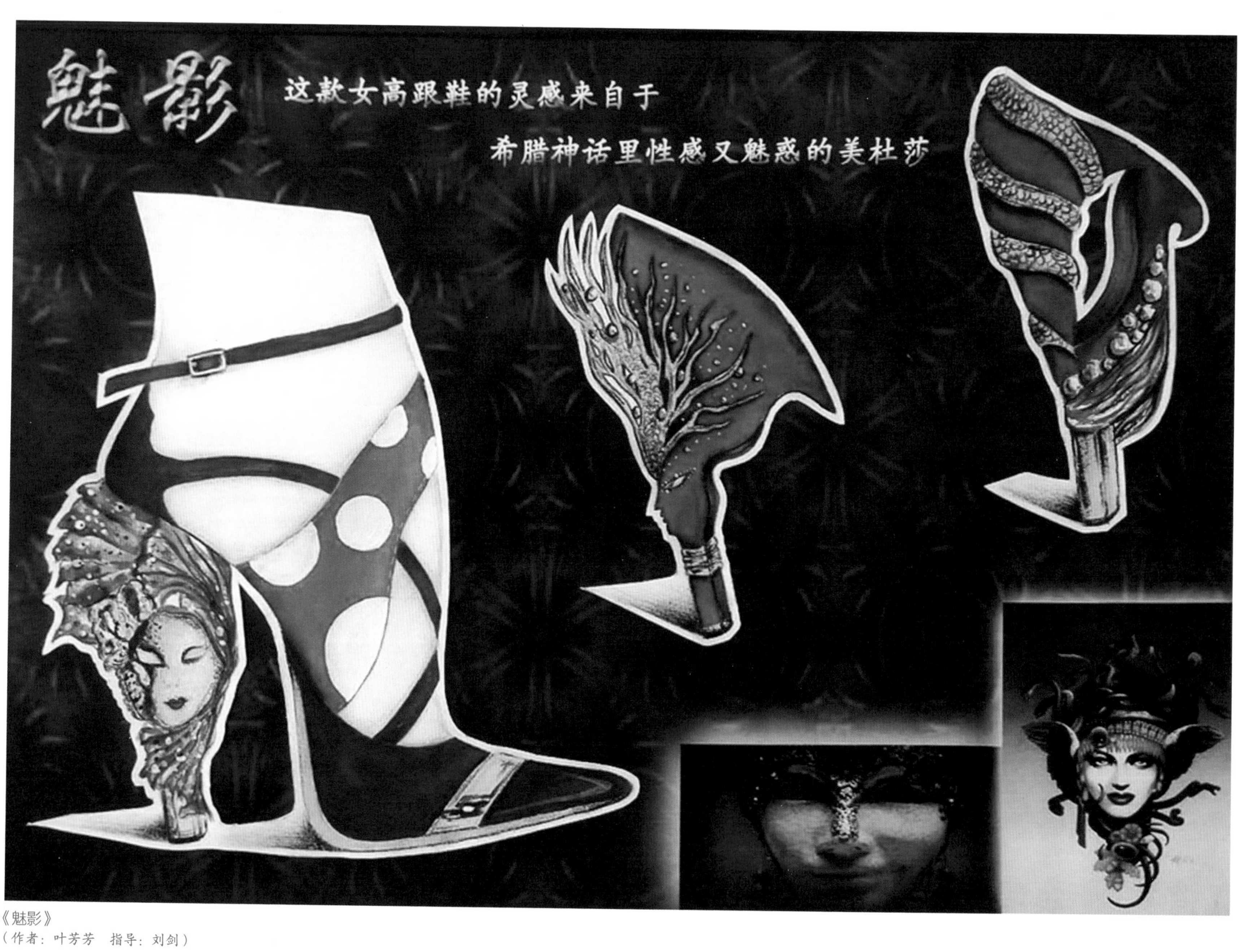

《魅影》
（作者：叶芳芳　指导：刘剑）

焚香祈愿

《焚香祈愿》
（作者：叶芳芳　指导：刘剑）

参考文献

[1] [美]保罗・加利. 保罗・加利铅笔画技巧[M]. 广州：岭南美术出版社，1987.

[2] 古吴轩. 宋米芾临沂使君帖/历代名帖宣纸高清大图[M]. 苏州：古吴轩出版社，2012.

[3] [英]保罗・克劳瑟. 20世纪艺术的语言：观念史[M]. 刘一平，译. 长春：吉林人民出版社，2011.

[4] [美]诺曼. 情感化设计[M]. 付秋芳，程进三，译. 北京：电子工业出版社，2005.

[5] [英]安布罗斯・哈里斯. 创意设计元素[M]. 郝娜，译. 北京：中国纺织出版社，2004.

[6] [英]贡布里希. 艺术的故事[M]. 范景中，杨成凯，译. 南宁：广西美术出版社，2008.

刘剑，温州人士，中国美术学院艺术硕士，高校教师，中国书画报高级记者。自幼喜画，青年学画，而后教画。擅长书法绘画，执笔教坛十余载，指导学生参与省市级鞋类赛事屡获嘉奖。

常受鞋企之邀约，为鞋类设计师设计开发培训讲座。凡培训内容，皆与生产实战设计所相关，故特此钻研迅速设计之技法。得以发挥马克笔之长，悉心调教，用马克笔多年颇有心得，迅速作画、效果呈现，甚是实用。观之，马克笔为从业者不可缺少之兵器。

不羡他人座上客常满，但求吾辈闲暇能作画。爱艺术，迷电影。身在教坛虽平淡，常被挂念师生情。虽技艺有限，却被企业所推广。人生一世，草木一秋，不惑之年，辗转反侧夜不能寐。思之念之，好方法不能唯一家所珍藏，特将技法藏于此书，以供后来人学习。